公務員考試叢書 ⑧

EO Classroom 著

非凡出版

作者介紹

集合來自不同職系的前公務員，深入了解香港公務員職位應考程序，提供一系列政府職位投考及相關課程。

有別於坊間同類書籍作者，EO Classroom 既有豐富從政經歷，又有實際的公務員考試經驗。旗下皇牌產品包括 JRE 應試手冊、EO 面試手冊及相關課程，內容均由離任不久的前公務員撰寫，為讀者帶來最新、最準確的公務員應試及面試取分技巧！

IG：instagram.com/eoclassroom
網站：www.eoclassroom.com
FB：fb.me/eoiiclassroom

前言

綜合招聘考試（Common Recruitment Examination，簡稱CRE）及《基本法及香港國安法》測試（學位 / 專業程度職系）[1]（Basic Law and National Security Law Test（degree / professional grades），簡稱BLNST）作為應徵香港特區政府學位或專業程度公務員職位的入場券，由公務員事務局舉辦，測試不設報名費。根據以往經驗，一年會舉辦兩次，時間分別在6月及10月的星期六。有關CRE的最新資料會在公務員事務局網站公布，有意投考人士請不時瀏覽以獲取最新消息。

申請投考的資格如下：

(a) 持有大學學位（不包括副學士學位）；或
(b) 於報考時正修讀學士學位課程，並將於未來兩個學年獲取大學學位[2]；或
(c) 持有符合申請學位或專業程度公務員職位所需的專業資格。

為方便在香港以外地區升學或居住的考生，此考試亦會在香港以外的八個城市舉行，包括北京、上海、倫敦、三藩市、紐約、多倫多、溫哥華及悉尼。於香港以外地方舉辦的綜合招聘考試及《基

---

1 有關《基本法及香港國安法》測試的內容和備試心得，請參閱EO Classroom的著作《應考基本法及香港國安法測試攻略》。

2 自2023年6月起，政府各部門 / 職系，可擴闊招聘範圍至下一屆畢業的大學本科生和研究生（以四年制學士學位課程為例，即大學三年級生）。據立法會文件資料顯示，報考CRE及BLNST的大學生由2023年6月那輪的2,500人，倍增至同年10月第二輪的5,300人，當中近三成為大學三年級生。由此可知入職競爭亦變得更激烈。

本法及香港國安法》測試（學位 / 專業程度職系）的申請日期跟在香港舉行的會有所不同，所以在香港以外地區升學或居住的考生，應不時瀏覽公務員事務局的網頁以獲取最新消息。

綜合招聘考試包括三張各為 45 分鐘的選擇題形式試卷，分別為本書主講的英文運用（Use of English）測試，以及中文運用（Use of Chinese）測試和能力傾向測試（Aptitude Test）[3]，目的是評核考生的英、中語文能力及推理能力。英文及中文運用試卷的成績分為二級、一級或不及格，其中以二級為最高等級。

如果在首次投考時未能取得二級成績，考生可待下一輪 CRE 舉辦時重新報考，直至考獲二級成績。至於能力傾向測試的成績則只分為及格（Pass）或不及格（Fail）。綜合招聘考試的成績為永久有效，因此考生收到及格的成績通知信後應妥善收藏，以便將來申請其他公務員職位時再出示使用。

一般來說，應徵學位或專業程度公務員職位的人士，必須在綜合招聘考試的英文運用及中文運用兩張試卷取得二級或一級成績，以符合有關職位的語文能力要求。個別招聘部門 / 職系會於招聘廣告中列明有關職位在英文運用及中文運用試卷所需的成績。部分學位或專業程度公務員職位要求應徵者除具備英文運用及中文運用試卷的所需成績外，亦須在能力傾向測試中取得及格成績。

3 有關 CRE 中文運用及能力傾向測試的內容和備試心得，請分別參閱 EO Classroom 的著作《CRE 中文運用測試實戰攻略》及《CRE 能力傾向測試實戰攻略》。

以公開試成績豁免 CRE

公務員職位所要求的 CRE 中、英文運用試卷成績，其實容許考生以公開試成績來替代的。而獲當局認可的公開試，分別為香港中學文憑考試（DSE）、香港高級程度會考（A-Level）、General Certificate of Education（Advanced Level）（GCEA Level）及 International English Language Testing System（IELTS）。具體安排詳見下表：

可取代 CRE 中文及英文運用的公開試成績

<table>
<tr><th>獲接納之公開試成績</th><th>等同 CRE 成績</th><th>考生安排</th></tr>
<tr><td>DSE 英國語文科第 5 級或以上</td><td rowspan="4">英文運用二級</td><td rowspan="4">不會被安排應考 CRE 英文運用試卷。</td></tr>
<tr><td>A-Level 英語運用科 C 級或以上</td></tr>
<tr><td>GCEA Level English Language 科 C 級或以上</td></tr>
<tr><td>IELTS 學術模式整體分級取得 6.5 或以上，並在同一次考試中各項個別分級取得不低於 6（註）</td></tr>
<tr><td>DSE 英國語文科第 4 級</td><td rowspan="3">英文運用一級</td><td rowspan="3">可因應有意投考的公務員職位要求，決定是否需要報考 CRE 英文運用試卷。</td></tr>
<tr><td>A-Level 英語運用科 D 級</td></tr>
<tr><td>GCEA Level English Language 科 D 級</td></tr>
</table>

註：須在 IELTS 考試成績的兩年有效期內才獲認可。

DSE 中國語文科第 5 級或以上	中文運用二級	不會被安排應考 CRE 中文運用試卷。
A-Level 中國語文及文化、中國語言文學或中國語文科 C 級或以上		
DSE 中國語文科第 4 級	中文運用一級	可因應有意投考的公務員職位要求，決定是否需要報考 CRE 中文運用試卷。
A-Level 中國語文及文化、中國語言文學或中國語文科 D 級		

擁有合資格 IELTS 成績的人請特別留意，由於該成績的有效期只得兩年，但有部分政府工的招聘程序需時可動輒達兩年以上，換言之，考生的 IELTS 成績有機會在入職前的時間已失效，那就要再考過了；而考生亦難保在成績的兩年有效期過後，出現一份令自己心動的政府工，要求同等的英文成績，就算考生屆時再報考 IELTS 亦可能趕不及應徵了。因此，筆者建議那些只擁有 IELTS 成績的考生亦應報考 CRE 英文運用測試，以取得這張永久性的政府工入場券。

CRE 的三張試卷可各自獨立報考，成績分開計算，所以考生若在不同屆的 CRE 中取得個別試卷的及格成績，可合併用於投考政府工[4]。除非有關招聘廣告另有訂明，否則有意投考學位或專業程度公務員職位的人士應先取得所需的 CRE 成績。

4 舉例說，去年投考 CRE 取得中文運用與能力傾向測試的及格成績，但英文運用不及格，那麼今年只須報考 CRE 的英文運用；若順利及格，便等於永久擁有 CRE 全部三張試卷的及格成績了。

本書是針對 CRE 英文運用測試這份試卷，為考生度身訂造的全攻略。有意應徵學位或專業程度公務員職位的人士，一般必須在 CRE 英文運用試卷取得二級或一級成績（或擁有獲認可公開試的同等成績），以符合有關職位的語文能力要求。而不同公務員職系、入職職級及所需綜合招聘考試成績，請參閱本書附錄〈公務員職位所需 CRE 成績〉。

附帶一提，政策局 / 部門偶爾會為晉升職級職位舉辦直接招聘工作，這些職位未必有載列於附錄的〈公務員職位所需 CRE 成績〉。申請人應小心閱讀該些公務員職位招聘廣告，或在有需要時聯絡招聘部門以知悉相關職位所需的入職條件（包括是否需要取得 CRE 哪些試卷的及格成績）。

目錄 Contents

Chapter 01

CRE 英文運用測試簡介

港府對於學位或專業程度公務員職位所訂定的英文能力基礎要求，是在 CRE 英文運用試卷取得及格（一級或二級）成績。根據立法會文件紀錄顯示，2018 至 2022 年五個年度，平均約有近 2.7 萬人報考 CRE 英文運用測試，平均及格率約 72%，看似不錯；但其實較近三年（2020 至 2022 年）的及格率先後約為 74%、72% 及 71%，呈逐年下跌之勢。相信讀者都不希望成為那三成不及格考生吧？就要好好閱讀和運用這本書了。

1.1 試卷形式及題型分類

英文運用測試是一份採用多項選擇題（Multiple-Choices Question）形式的試卷，共有 40 條考題，每一題所佔分數相同。筆者在此先引用公務員事務局網站上的資訊，讓讀者初步了解一下 CRE 英文運用測試。

整張試卷 **40 條考題主要分為以下四種類型**，每類型題目**各佔 10 題**：

I. Comprehension（10 questions）
   - This section aims to test candidates' ability to comprehend a written text. A prose passage of non-technical background is cited. Candidates are required to exercise skills in deciding on the gist, identifying main points, drawing inferences, distinguishing facts from opinion, interpreting figurative language, etc.
   - 這部分旨在測試考生對書面文字的理解能力（亦即是閱讀理解），以及考生掌握文章意旨、詮釋資料後作出推論等的能力。

II. Error Identification（10 questions）
   - Knowledge on use of the language is tested through identification of language errors which may be lexical, grammatical or stylistic.
   - 這部分旨在測試考生辨識語文錯誤的能力，包括辨別用字、語法或風格上的不正確之處。

III. Sentence Completion（10 questions）

- In this section, candidates are required to fill in the blanks with the best options given. The questions focus on grammatical use.
- 這部分要求考生為題目的空白處，選出最佳答案；旨在測試考生對英語文法的認知能力。

IV. Paragraph Improvement（10 questions）

- In this section, two draft passages are cited. For each passage, questions are set to test candidates' skills in improving the draft. The focus of the questions is on writing skills, not power of understanding.
- 這部分的題目要求考生為草稿段落選出最佳的改寫方法；主要是測試考生的寫作技巧和水平。

CRE 英文運用測試的目標是評核考生的英文能力，但從上述四類考題可見，主要是檢視考生的閱讀及理解、英語文法運用（亦即 Grammatical Use）和文字表達能力。但若作出更概括的分析，其實第一類試題是檢視考生完成閱讀理解後作出推論（Reasoning）的能力；至於第二、三及四類試題，總括而言是測驗考生的「辨錯」（Proofreading）能力。全卷大致上就只考這兩種能力，相比 DSE 和 IELTS 可算是簡單得多了。

要應付上述第一類檢視閱讀後推論能力的試題，主要攻略法門不外乎通過多閱讀英語文章來增加自己的詞彙量，力求不會被文章的某些字眼或內容難倒，能夠據文理內容作出正確的推論。至於第二類檢視辨錯能力的題目，除了背熟一些最基礎的文法規範之外，另有兩個應付竅門：一是多做練習，透過模擬題來熟悉試卷的出題模式，自然會慢慢發覺那些錯誤萬變不離其宗，並弄清楚自己在英語文法方面有哪些弱點；二是多看政府內部或對外公開的英語文章，多認識官方的遣詞用字和寫作風格。而本書的內文和附錄正好可從以上兩個方向為考生提供幫助，提高大家通過 CRE 英文運用試卷的機會。

當然，考生亦不用太緊張，由於試卷形式全是選擇題，題目內容又不包含拼寫（Spelling）、聆聽和會話等其他形式的試題，所以就算考生自問在英文的寫、聽、講三方面能力較弱，也毋須害怕，真的不懂時，純運氣「靠估」也有機會碰巧得分。

由於公務員事務局官方未曾公佈過答對多少題才取得一級或二級的成績，因此，考生的目標就只是盡力答對更多的題目，加油！以下，筆者會在考生深入了解英文運用測試內容並進行正式操練前，先分享一些大家需要知道的小技巧和大禁忌。

1.2 最適分配答題時間

簡單數學計算，CRE 英文運用測試要求考生在 45 分鐘內完成 40 條題目，若平均用一分鐘準確完成一條題目，那麼就有五分鐘的覆卷時間，完美。

事實上，在 CRE 的三張試卷中，英文運用測試被視為可用最短時間完成的試卷。理由是中文運用測試足足有 45 條題目之多，題目的字數較多，要求的審題時間較長，很多考生也反映，他們只能僅僅完成，甚或未能有效回答[1]中文運用測試的所有題目。

至於能力傾向測試主要檢視考生的推理能力，需要以清晰邏輯思維及解題能力去理解題目並推斷答案，十分耗心力和費時，故甚少考生能有效回答所有題目。儘管如此，考生仍然要在試前分配作戰時間——先完成自己有信心或強項的部分。

寧願靠估　也不漏空

每名考生都有自己的強弱項，或做得最快 / 最慢的題目類型。如果考生不了解自己的長短處，必定要在正式應考 CRE 前完成本書第六章的模擬試卷，請一口氣回答所有題目並進行計時，藉此了解自己做得最快或最得心應手的題型，再規劃自己在真正應考英文運

1　有效回答題目指經過理解及分析後回答，而非單靠猜測或胡亂作答。

用測試時的答題先後次序。

當**遇到沒有信心的題目，花費兩分鐘是極限**。苦思兩分鐘後**仍然解不了的，就先「靠估」填一個你認為最有機會的答案**，再標記這一題；在完成整份試卷後，若還有剩餘時間可覆卷，便返回標記了的試題，再慢慢靜下心來思索你認為最合適的答案。

重要的事情要說三遍：不要漏空，不要漏空，不要漏空。

有考生在完成試卷後還有剩餘時間再去覆卷，但不代表所有人都可以。因此，先「靠估」選填答案，之後有時間再諗再改。

不漏空亦可避免出現另一個意外——考生在題目簿上漏空跳過一題，但在填寫答題紙時卻沒有同步地跳過一題，令之後的回答全部向前順移了一格。一子錯，滿盤皆落索。

最後的黃金三分鐘

最後，還有一個「黃金三分鐘」。

每名考生都有自己的答題速度，作答得比較慢的考生，請在交卷前預留三分鐘的時間——即是**在英文運用測試進行中的第 42 分鐘**，無論腦袋是否還在思考手上那一條題目，都必須即時放棄，利用餘下的三分鐘時間，**將剩餘未回答的題目空格，先全部「靠估」填上**，再確認答題紙上自己的考生編號是否正確。

事實上，只餘兩三分鐘之際，若還未回答的試題超過兩條，根本就不夠時間處理，所以先「靠估」填好，起碼還有機會靠運氣撞中，否則不填白不填，沒有作答就肯定不會有分數。

總之，好好把握黃金三分鐘，**未必要做到 100% 正確，但一定要 100% 完成**，才是應付選擇題形式試卷的唯一真理。

1.3 核對試題和答案編號

假如大家有閱讀其他 EO Classroom 撰寫的公務員考試叢書，可能會留意到筆者總是不厭其煩地提及一些低級大忌。

在此亦一如既往，筆者希望提醒考生一個十分基本的答題技能——核對題號！每回答一條題目時，都務必看清楚跟答題紙上的題號是否一致。

CRE 英文運用測試是採用多項選擇題形式的試卷，考生以鉛筆作答，不需要任何回答技巧，也不需要解釋選答 A/B/C/D/E 選項的理由，只要在答題紙上相應的題目編號旁邊以鉛筆塗滿其中一個代表 A/B/C/D/E 答案的空格即可。

在此引用墨菲定律（Murphy's Law）的說法：If it can go wrong, it will.

考生們或許是已經進入職場的朋友，或是大學已畢業 / 即將要完成大學課程的人，應該要明白這個世界上會出錯的地方都會出錯。總會有考生在考試時間將完的一剎那，才發現自己填寫答案時，意外地向前或向後順延了一格，還有一些在交卷後仍懵然不知自己填錯了答案的考生呢。

可能是因為前面有一兩條較難的題目想先跳過不答，不過，只跳過了問題簿上的試題，偏偏忘記了在答題紙上也跳過；又或者，只是真的「鬼揞眼」看漏了。

測試不及格事小，令自己錯失可能是幾年一次的招聘活動，或明明信心滿滿地交卷卻最終取得不及格成績，打擊自信才可恨。因此，在黃金三分鐘裏，要盡力杜絕上述這種極低級錯誤。又或者在作答之際，每題多花一秒時間去核對題目及答案編號，以確定正在填的空格對應所屬試題。

1.4 應考裝備

考試的最基本裝備分別是鉛筆、橡皮擦、原子筆。英文運用測試是採用多項選擇題形式的試卷，考場會提供選擇題答題紙，讓考生以鉛筆填滿答題紙上的空格作答。

現今數碼世代，相信大家日常已經很少使用鉛筆，所以筆者在此先提醒考生，請預早購入 / 準備鉛筆和橡皮擦這兩項必需品，並確保應考當天攜帶。須知道，若在星期六正式測試當日早上才發現自己沒有相關文具，沿途未必有機會補買的，而試場亦不會有用具供應。

別以為使用鉛筆作答，就代表不需要準備原子筆。在測試正式開始前，考生需要在答題紙上寫上自己的考生編號，這時可以選擇使用原子筆填寫，以免鉛筆寫得不清楚或被擦掉。

除了必備用品，因為試場的獨特性，筆者亦建議考生在參加測試前要預備沒有智慧功能的普通手錶，以及外套。

勿佩戴智能手錶

隨着科技進步，愈來愈多人會以手機取代手錶，亦有愈來愈多人購置有智慧功能的手錶（Smart watch）。在測試期間，考生是不可以使用手機，又或佩戴有智慧功能的手錶；此外，很多試場都不會提供時鐘報時。因此，考生若要有效地分配作答時間，一定要自備最普通的手錶，以作計時用途。

另外，英文運用測試在每年的 6 月和 10 月舉行，時值夏天，然而香港的室外、室內溫差甚大，許多商業場地冷氣開很大，體感溫度甚低。每年都收到不少考生反映，參加 CRE 及 BLNST 時，試場很冷，甚至影響到應考狀態。

若單單只是考一份英文運用測驗，45 分鐘還可以忍耐；但如果考生要應考 CRE 全卷，包括中、英文運用測試、能力傾向測試，再加上《基本法及香港國安法》測試，數小時恍如置身於雪櫃中作戰，恐怕會影響應試表現，故奉勸大家可多帶一件外套，以備不時之需。

Chapter 02

Comprehension
題型解析

Comprehension 亦即是閱讀理解，顧名思義就是要求考生基於文章內容回答相關的題目，文章內容有機會是跟日常生活或工作有關。自小在香港讀書的考生應該對這類題型不感陌生，但由於涉及較多字數，故這部分往往在作答上較為耗時，必須配搭一些小技巧來加速處理。

2.1 檢視閱讀理解力的試題

在整份 CRE 英文運用測試中，本地考生可能只對 Comprehension 這部分的題目有熟悉感，畢竟香港學校的中、英文科教育課程，一向都要求學生應付大量的閱讀理解練習。既然這麼熟悉，應該優先解決了吧？非也，筆者反而建議考生將這部分的題目放到測試的最後才處理。因所謂閱讀理解，必須先閱讀才能理解，而閱讀文章可能已經要花費考生不少時間，所以宜先處其他三部分較不耗時的「辨錯」類試題。

另一方面，Comprehension 試題的難度高低，除了取決於題目所要求的分析深度、引用文章的主題取材和詞彙深淺之外，更關鍵的是考生對文章的理解能力！姑勿論英語能力，每個考生背景各異，肯定會有自己的專長或興趣（反之，也有弱點），所認識的英文詞彙自然有各自擅長的領域。舉例說，兩個英文能力水平同樣普通的考生，一位是在科技產業工作，另一位則在辦公室負責一般文書工作，前者很大機會比後者更容易理解一篇有關人工智能（Artificial Intelligence）發展的文章。

宜放到最後才作答

或許會有考生質疑，公務員事務局的官方答題指引不是已列明，Comprehension 試題引用的文章不會要求考生有 Technical background 嗎？但任何文章都一定會有主題取向，如前述例子，考生的工作背景剛好跟文章所屬領域接近，他認識的詞彙量亦一定會較廣泛、佔優。既然難以避免這種先天分野，那麼何不先處理比較不受考生背景知識影響的另外三部分試題？

為應付 Comprehension 試題，假如考生在閱讀本書時，距離 CRE 英文運用測試的日期仍有較長時間，筆者建議考生有空時可多閱讀不同類型、題材的文章，藉此增進英文閱讀能力，增加對不同領域的英文詞彙認識量，同時亦可提高辨識英文語法結構和文字表達之細微差別的能力，針對上述目標多閱讀英文文章，對於應付這份試卷肯定有百利而無一害。

公務員事務局未有在其網站提供 Comprehension 類的例題，以下是筆者參照過往試卷難度所模擬的題目。而為了方便設題，文章引用的數據、日期等資料可能會有刪改，未必與現實相符。請考生記着，在回答問題時只應該基於文章提供的內容作答，而非考生本人的知識；換言之，假如文章中寫莎士比亞（William Shakespeare）是一個科學家，那麼儘管我們按現實常識知道莎士比亞是一個劇作家、文學家，並非科學家，但在作答時也要接受莎士比亞的身份是一個科學家。

2.2 模擬練習及分析

Passage 1

Pet healthcare has become an increasingly vital part of our society, reflecting the growing bond between humans and their animal companions. According to the American Pet Products Association, in 2023, Americans spent an estimated $44.8 billion on veterinary care and products. This staggering figure represents not only the value placed on the well-being of pets but also the advancements in veterinary medicine that provide a wider range of treatments for various ailments.

The field of pet healthcare encompasses routine check-ups, emergency services, and even specialized care such as oncology for pets with cancer. A survey by the Association for Pet Obesity Prevention found that in 2022, approximately 56% of dogs and 60% of cats were classified as overweight or obese. These statistics highlight the need for regular veterinary attention to prevent and manage weight-related health issues, which can lead to more serious conditions like diabetes or heart disease.

Moreover, beyond the physical health of pets, their mental well-being is also gaining recognition. Treatments for anxiety and depression in animals are being developed, as veterinarians acknowledge that pets can experience emotional distress similar to humans. For example, the use of pheromone diffusers to calm anxious pets is becoming a common recommendation by animal health professionals. This shift towards a more holistic approach to pet healthcare shows a deeper understanding of the complex needs of our animal friends.

1. What does the estimated expenditure on veterinary care and products in 2023 suggest about society's view on pets?

A It indicates the rising price of veterinary medicine.
B It reflects the significant value placed on pets' well-being.
C It shows an increase in spending on pet healthcare.
D It shows a decrease in spending on pet toys.
E It suggests that pet healthcare is of the top priority in society.

答案	B. It reflects the significant value placed on pets' well-being.
答案分析	**應付閱讀理解類問題，首要技巧是搜尋關鍵字詞**，尤其是當題目中出現數字或年份時，已經為考生縮小了文章的搜尋範圍——文中提到「2023 年」的只有第一段的「According to the American Pet Products Association, in 2023, Americans spent an estimated $44.8 billion on veterinary care and products.」隨後的一句更以「staggering figure」（驚人的金額）來形容人們非常重視寵物健康的情況（the value placed on the well-being of pets），所以選項 B 最適合。 至於選項 A、D 及 E 都是文章中完全未有提及、無中生有的內容。而選項 C 按常理推斷似乎也合理，惟文中沒有寫明美國人以往的相關花費水平，故不能妄自推測其有否增加。

2. What percentage of cats were found to be overweight or obese according to the 2022 survey?

A 33.6%
B 44.8%
C 50%
D 56%
E 60%

答案	E. 60%
答案分析	這是較簡單的熱身題，首先按題目中的關鍵字眼「overweight or obese」，尋找文章中的相關內容，亦即第二段的「A survey by the Association for Pet Obesity Prevention found that in 2022, approximately 56% of dogs and 60% of cats were classified as overweight or obese.」答案已呼之欲出。 順帶一提，上一章最後有提到應考 CRE 時須攜帶的裝備。但有很多考生都會問到底應否攜帶計數機？以這條題目為例，英文運用測試的確會在文章內容問到關於數字的題目，卻不會要求考生計算複雜的數式。假如考生在作答英文運用測試卷時，覺得需要用到計數機，大概是已經誤解了題目的問法或原意。 不過，假如考生認為攜帶計數機可帶來安全感，請即管帶着，求個心安。若試場人員指示不能使用計數機，屆時才收起來吧。

3. Which of the following statements is factually correct, according to the passage.

A Overweight pets do not require veterinary care.
B Pet obesity is not a significant issue.
C Pet healthcare centre should provide specialized care for pets.
D Mental health in pets is as important as their physical health.
E All anxious pets will benefit from pheromone diffusers.

答案	D. Mental health in pets is as important as their physical health.
答案分析	第三段第一句即言明：「beyond the physical health of pets, their mental well-being is also gaining recognition.」反映寵物的生理和心理健康是同等重要。 選項 A、B 都明顯有違這篇引文的整體方向，肯定不正確。而 C 和 E 均是無中生有的說法。

4. The author mentions oncology as an example of:

A A routine check-up.
B A weight-related health issue.
C A specialized care service for pets.
D An outdated veterinary service.
E A survey question.

答案	C. A specialized care service for pets.
答案分析	這次開宗明義從關鍵字「oncology」（腫瘤科）入手，第二段第一句已經提及「...and even specialized care such as oncology for pets with cancer.」因此選項C正確。

5. Which of the following statements is a fact rather than an assumption?

A The society has strong bonding with their pets.
B More pet owners are paying attention to prevent weight-related health issues for their pets.
C Approximately 56% of dogs were classified as overweight or obese in 2020.
D Treatments for anxiety and depression in animals are growing more effectively.
E The use of pheromone diffusers is able to calm anxious pets.

答案	C. Approximately 56% of dogs were classified as overweight or obese in 2020.

答案分析	只有 C 這個選項是事實（fact），而又有數據支撐（文章第二段寫到：A survey by the Association for Pet Obesity Prevention found that in 2022, approximately 56% of dogs were classified as overweight or obese.）。 值得留意的是，選項 D 和 E 均是這一題的陷阱位。關於選項 D，文中有提到「Treatments for anxiety and depression in animals are being developed」，而前提必須是往好的方向 develop 才能達到 more effectively 的結果，但文中沒有言明這個前提，故無法選 D。 至於選項 E，文中是說「... the use of pheromone diffusers to calm anxious pets is becoming a common recommendation by animal health professionals」，即是基於對動物健康專家的信任，但選項的意思需要假設他們只是因為 use of pheromone diffusers 有效，而並非基於其他原因（如副作用較少或醫療成本較低）作出建議。顯而易見，D 和 E 的說法都建基於不存在的假設 (assumption)，欠事實支持。

6. What is the key message of the second pagragraph?

A Specialized care for pets is expensive.

B Veterinary care is expensive.

C The field of pet healthcare encompassess many different services.

D Pet obesity can lead to serious health conditions.

E Regular veterinary attention is vital to keep pets healthy.

答案	D. Pet obesity can lead to serious health conditions.
答案分析	第二段主要討論了寵物超重和肥胖可能導致的健康問題(like diabetes or heart disease)。 選項 A、B 所用的字眼只可能跟第一段有關，而且是無中生有之說。而選項 C 及 E 則是陷阱——雖然在第二段有提及相關內容，卻稱不上是「key message」。

7. What is the purpose of using pheromone diffusers?

A To address pets' mental health.
B To conduct check-ups for pets.
C To improve the situation of diabetes.
D To reduce of cost of veterinary care.
E To feed the pets.

答案	A. To address pets' mental health.
答案分析	搜尋關鍵字「pheromone diffusers」，馬上發現第三段直接提到「利用費洛蒙擴香座來安撫焦慮的寵物」(the use of pheromone diffusers to calm anxious pets)，這顯然屬於寵物心理健康方面(pets' mental health)的治療，故只有選項 A 適合。

8. What is the holistic approach to pet healthcare mentioned in the passage?

A Paying attention to pet's mental health.
B Seeking assistance from the animal health professionals.
C Spending more money on pet healthcare.
D Understanding the complex needs of pets.
E Arranging regular check-ups for pets.

答案	D. Understanding the complex needs of pets.
答案分析	Holistic 的意思是 Dealing with or treating the whole of seomthing or someone and not just a part（即是全面的）。Holistic approch 一詞常用於醫療方案，亦見於文章最後一句，提到「更全面的寵物醫療方法反映人們對動物的複雜需求有更深入理解」（This shift towards a more holistic approach to pet healthcare shows a deeper understanding of the complex needs of our animal friends.），選項 D 完全符合。 而所謂複雜需求（complex needs），根據文理推斷是動物的身理和心理問題，選項 A 和 E 只是各表一端，不完全正確。 而選項 B 和 C 根本不是 Holistic approach 的方向，而是寵物主人的態度，也可撇除。

9. Which of the following statements could be concluded from the passage?

A Pet healthcare industry has become one of the pillar industries in America.

B Pet healthcare industry has been one of the popular industries among universities.

C Pet healthcare industry has a high profit margin.

D Americans accord high priority for their pets.

E Americans love to spend money for their pets.

答案	D. Americans accord high priority for their pets.
答案分析	選項 A、B 和 C 都是文章完全沒有提過，而且需要有數據比較的情況下才可以得出的結論，顯然並非正確答案。 而 D 可以從第一段的「Pet healthcare has become an increasingly vital part of our society, reflecting the growing bond between humans and their animal companions」中，推斷出美國人愈來愈重視寵物 (animal companions)。
	E 的說法則太籠統，因為文章提到的寵物開銷都關乎醫療服務，而非玩樂或享受，讀者實在以此難以推斷美國人是否為了寵物而「love to spend money」。

10. Which of the following serves the best title for the passage?

A Pet healthcare
B Emerging pet healthcare need
C Understanding the needs of your pet
D Surging demand for pet healthcare services
E Treatments for pet depression

答案	C. Understanding the needs of your pet
答案分析	選項 A 作為標題太籠統，不符合「best title」的要求；B 和 D 的用字則稍為偏重經濟的意味，容易誤導讀者以為本文是財經分析，但整篇文章的走向顯然不是以此為中心；E 則只是文章第三段的一個例子，那充其量為段落重點，不足以成為文章題目。 餘下只有 C 是最正確的答案，強調人們對於寵物需求的理解和關愛日漸增加。

Passage 2

The scourge of illegal mining carves a dark silhouette against the backdrop of global industry. It's estimated that over 20% of the world's gold production stems from such operations, which are often tucked away in the remote corners of developing nations. This unregulated industry not only evades taxes but also wreaks havoc on the environment, with over 40 million tons of mercury released into the waters every year.

The human toll is equally staggering; approximately 1 million children work in these hazardous conditions, their futures clouded by the immediate need for survival. They toil alongside adults in an underworld of labor, where safety measures are missing and rights are a forgotten whisper. In these pits, the workers excavate earth's riches while earning less than $2 a day, a stark contrast to the millions earned by the syndicates running these covert operations.

Environments suffer irreparable damage due to these practices. Amazonian landscapes, once lush and vibrant, now lie barren, scarred by the relentless pursuit of minerals. The statistics are grim: around 50,000 square kilometres of tropical forest, an area equivalent to the size of Costa Rica, have been decimated. Rivers run with the poison of progress, their waters a murky testament to the cost of greed.

Global efforts to curtail illegal mining face numerous challenges, including corruption and the sheer scale of the problem. However, international initiatives are underway, aiming to enforce regulations and promote sustainable practices. The road ahead is long, but the fight against this shadowy industry is a candle in the night, a flicker of hope for a cleaner, more ethical mining future.

1. How many percentage of the world's gold production is attributed to illegal mining?

A Less than 10%
B Around 20%
C More than 20%
D Approximately 30%
E 2%

答案	C. More than 20%
答案分析	這是第二篇模擬練習的熱身題，文章首段已寫明「It's estimated that over 20% of the world's gold production stems from such operations.」考生應可馬上選對答案。 這一道題的設計重點是把原文的 over 20% 重新演繹為 more than，檢視考生對英文同義字詞的理解力。不過這也是基本的數據表達，考生只要仔細看清楚題目即可解決。

2. Approximately, how many children are working in illegal mining?

A 50,000
B 1 million
C 2 million
D 4 million
E Can't tell

答案	B. 1 million
答案分析	繼續是熱身題，文章第二段第一句已談到「The human toll is equally staggering; approximately 1 million children work in these hazardous conditions.」這類含數字的題目，關鍵在於快速從文中搜尋到數字，基本上即可作答。 留意 Comprehension 的數字題有機會將文章出現過的所有數字設為題目選項，因此考生看完數字都要看文字，再了解上文下理才行啊！ 另外，這一題的選項中出現了「Can't tell」，同類型的選項還有「All of the above」和「None of the above」之類，若不幸遇上，考生就更需要提醒自己小心理解前文後理了。

3. What is/are the problem (s) faced by the workers working in the illegal mining industry, as mentioned in the passage?

A Working safety
B Violating the law
C Unemployment
D Long working hours
E All of the above

答案	A. Working safety

答案分析	這題需要考生快速尋找本文四個段落的各自重點，再從中找出哪些內容跟 Workers 有關。其實每段的第一句的最初幾個字已點明該段落重心：第一段概述 Illegal mining 問題存在；第二段談 Human；第三段聚焦 Environment；第四段討論 Global efforts。而這一題涉及非法礦工，即是人，所以主要從第二段找答案。 第二段第二句寫道「They toil alongside adults in an underworld of labor, where safety measures are missing and rights are a forgotten whisper.」提及的只有 safety measures 和 labour right 兩個因素。再看其餘段落都不太提及礦工，所以便可知道只有 A 正確。

4. What is implied by the syndicates running illegal mining operations?

A They are struggling financially.
B They prioritize worker safety.
C They earn significant profits.
D They follow the regulations.
E They pay workers less than $2 a day.

答案	C. They earn significant profits.

答案分析	考題中「syndicates」字眼出現於文章第二段的最後部分：「In these pits, the workers excavate earth's riches while earning less than $2 a day, a stark contrast to the millions earned by the syndicates running these covert operations.」 這裏測驗考生懂不懂一個不太常見的詞語「syndicates」，字義是 a group of people or companies who join together in order to share the cost of a particular business operation for which a large amount of money is needed，在本文中意指非法採礦集團。 選項 A（經濟拮据）、B（重視工人安全）及 D（遵守法規）都顯然是錯的。而第二段同一句明明有寫「workers earning less than $2 a day」，為甚麼 E 非正確答案？因為題目用詞的是 implied（即意味或暗示），故不會是文中直接寫明的事實。

5. What is the significant harm caused by illegal mining, as mentioned in the passage?

A Increased tax base.
B Reduced government income.
C Lowered gold price.
D Environmental havoc.
E Competitive job market.

答案	D. Environmental havoc.

答案分析	在概述 Illegal mining 問題存在的第一段中已寫明「This unregulated industry not only evades taxes but also wreaks havoc on the environment」，換言之，可排除選項 A、C 及 E。 仔細理解這一句，文章顯然將非法採礦「對環境構成嚴重破壞（選項 D）」的重要性排在「逃稅（選項 B）」之上，故 D 更符合 Significant harm 的說法。

6. Which of the following statements correctly describe the international initiatives in fighting illegal mining?

A They promote sustainable mining.
B They do not support mining.
C They stopped illegal mining.
D They need more money to implement the initiatives.
E They bring hope to the children working in the industry.

答案	A. They promote sustainable mining.
答案分析	關於全球遏止非法採礦活動的內容都放在文章最後一段，其中提到「international initiatives are underway, aiming to enforce regulations and promote sustainable practices」，句子中的 promote sustainable practices 明顯符合選項 A 的說法。這一題是檢視考生是否理解 promote sustainable practice（促進可持續實踐）中的 practice 意指採礦活動。

7. What does the 'shadowy industry' in the last paragraph mean?

A The dark working condition in mining areas.
B The environmental damage to the rainforest.
C The poor working conditions of the local labours.
D The illegal nature of unregulated mining.
E The persistent economic depression in mining areas.

答案	D. The illegal nature of unregulated mining.
答案分析	文章最後一句中寫「the fight against this shadowy industry is a candle in the night」，考生需要明白「shadowy industry」是一種隱喻，用作形容在法律和監管框架之外運作，很難受到官方監管的行業（亦即非法活動）。只有選項 D 符合此說法。 考題文章中很常使用 Underline 或 Bold 的格式來強調特定字眼，之後在問題出現，測試考生是否理解該字詞的含意，卻不代表該字眼對文章有特別的意義。考生在閱讀文章時毋須花額外時間思考該字眼在文章結構中的重要性。

8. What does 'a candle in the night' in the last paragraph mean?

A The fire used to burn the forest.
B The candle used as lighting equipment in mining areas.
C The people's anger.
D The persistent darkness in mining areas.
E The hope offered by global efforts to fight illegal mining.

答案	E. The hope offered by global efforts to fight illegal mining.
答案分析	緊接下一題順序問到另一個加了底線的字詞——A candle in the night. 簡而言之，可以理解為「The fight is the candle」，作者以黑夜中的蠟燭來比喻「在黑暗中的希望」，意指國際倡議對抗非法採礦活動所帶來的希望。

9. Which environmental issue does the passage highlight as a consequence of illegal mining?

A Deforestation
B Soil erosion
C Global warming
D Mercury contamination of water bodies
E Interruption to the water cycle

答案	D. Mercury contamination of water bodies
答案分析	我們先看看五個選項的字眼有沒有出現在文中，只有選項 D 的「mercury」（水銀）有出現在第一段：「... with over 40 million tons of mercury released into the waters every year」，事實上，文章只提到非法採礦所致的水銀污染。

10. What is the message of the passage?

A The economic benefits of mining.
B The implication of illegal mining.
C How to earn money by illegal mining.
D How is illegal mining affecting the local workforce.
E Illegal mining is common in the Amazon.

答案	B. The implication of illegal mining.
答案分析	整篇文章描述非法採礦對環境和人力勞動的負面影響。 說法正面的選項 A 及較中性的選項 C 都可排除掉；而選項 E 只是文章中的一個例子，不可能是文章主旨。至於選項 D 則只着眼於人力勞動，也不是最適合的答案。

11. What is author's attitude towards illegal mining?

A Supportive
B Critical
C Neutral
D Indifferent
E Excited

答案	B. Critical

答案分析	由於第一和第二題都是最簡單的送分題，通常一張考卷中不會同時出現兩道如此淺的題目，所以這裏多送一題。 正如上一道題目的分析中所言，整篇文章的主指是描述非法採礦對環境和人力勞動的負面影響。另外，作者採用的字眼皆為負面，以批評的語氣表達作者對非法採礦的看法，所以其取態顯然是 Critical（批判性）的。

註：在正式的 CRE 英文運用測試中，閱讀理解部分只有十條題目；本文為模擬練習，旨在提供更多出題的可能性供考生嘗試，故這裏增設為 11 題。

Chapter 03

Error Identification 題型解析

Error Identification 根本上就是 Common Mistakes 的變種，試卷將一些常見的英文錯處放在句子中，考核考生是否有能力辨認出這些 error——可以是詞彙上的錯誤、文法上的錯誤或文字 / 文句風格上的錯誤——重點考驗考生的語文基本功。

3.1 歸納三大考核重點

首先看看公務員事務局官方對這部分考題的解說：「Knowledge on use of the language is tested through identification of language errors which may be lexical, grammatical or stylistic.」以下筆者用簡單的例子說明 Error Identification 這部分的三大考核重點：

- 英文語法的句型，亦即是最基礎的句子結構（Sentence Structure），相信大家中小學讀書時上英文課一定會學到的，例如 Subject + verb；Subject + verb + object 等句子構造；
- 用詞（Use of words），有一些字詞在使用上有獨特規範。例如「But」和「However」，儘管兩個字的意思相同，但不能在句子的任何位置中任意互相取代，因為只有 But 可以用作連接詞；
- 至於辨別文字風格上的錯誤則難度較高，例如句子前段是官方公告，用字上較為客觀、中性及官腔，但後半句則用上了主觀和親切的語調，就是官方解說中提到的 Stylistic Error 了。

這部分的題目會以句子形式出現，句子上會指明某幾個用字或用詞，要求考生揀選出錯的一項。當然，一如其他 CRE 試卷，為了不讓考生「靠估撞答案」或透過對照各選項逆推答案，Error Identification 的回答中大多會有「No error」這個選項，以加深題目的難度，讓考生需要面對着似是而非的選項作出判斷。

選項長短 絕非貼士

在訓練前，先提醒大家一個攻克 Error Identification 的常犯錯誤——**不要因為個別答案選項的字數較多、句子較長，就認為它是有錯誤、應該要選擇的句子。**

很多時候，考生在學寫文章時都會被訓練寫精簡而準確的用字，以免令讀者望而生厭。然而，長篇大論且言不及義，充其量只是表達能力較差，卻不代表是錯誤。此外，有些時候，冗長的表達方式是為了更清晰、準確地表達意思，避免造成誤解，也不是錯誤。當然，在題目的設計上，使用複雜的字詞亦可能是為了增加題目的難度，令考生在短時間內感到混淆。因此，考生不應該以選項的字數多寡來決定 Error Identification 考題的答案。

以下引用公務員事務局網站所上載的官方例題來加以說明。

Irrespective for the outcome of the probe, the whole sorry affair has already cast a shadow over this man's hitherto unblemished record as a loyal servant to his country.

A Irrespective for
B sorry
C cast
D hitherto
E No error

答案：A

「Irrespective of」的意思是「不論，不分，不管」，在英文寫作中，「Irrespective」是一個常見的用字，根據文意，之後有機會連接名詞或短句；而「of」就是連接 irrespective 和句子另一部分之間的介詞。

本地女校聖保祿學校的校訓也含有 Irrespective of 一詞：「Being all things to all people, **irrespective of** race, religion and social status.」（「為一切人，成為一切」即普助世人，無分種族、宗教及社會階層），使用了「無分」的詞義。英文的介詞沒有明確而統一的使用法則，而傾向是一種語法習慣。

英文基礎較薄弱的考生，在這部分唯一可做的就只有盡力多做一點練習題，再記住自己選錯過的題目和正確答案。畢竟有些考生反映，在香港唸了二十幾年英文都仍然未能分清不同介詞的使用方法，這證明每個人都有弱點。本書會盡量收錄多一點常見的介詞題目讓考生練習。後文亦會解釋一下介詞的使用習慣，略盡綿力，希望可以幫到有需要的考生。

順帶一提，官方例題中「hitherto unblemished record」的意思是「至今為止的潔淨（無瑕疵）紀錄」。這裏的「hitherto」是一個較正式的詞語，意思是「到目前為止」或「迄今為止」；「unblemished」是形容詞，意思是「完美的」。

把這句話翻譯成中文的話，就是「迄今為止的完美紀錄」，而比較貼地的說法可以是「一直維持良好的表現」。這種表達方式通常用來形容一個人在某特定範疇（如工作表現、學術成就等）一直保持優良表現，並且沒有任何負面紀錄。

考生可以透過以上的題目看到 Error Identification 這部分的考題難度，單單一條題目中，測驗的內容已經包含介詞（Preposition）的使用、常用詞彙的不常見用法、不規則動詞的變化，以及一些在舊式語文／法律條文中會看到而平日不常見的用字。僅是一題就檢視了考生對四種英文文法的認知與運用能力。

下一節，筆者將逐一解釋這部分試題較為常見考及的英文文法錯誤，好讓大家在正式應考之前，先有一個初步的心理準備。

3.2 句子結構的完整性

小時候讀英文文法時，我們通常會先學習句子結構（Sentence Structure）——Subject + Verb + Object，或更複雜的句式。假如句子的組成部分出現殘缺或多餘，就是有 error。

英文句子的最基本組成結構是「Subject + Verb + Object」，即主動賓語序[2]（如果是中文的文法規範，則是主謂賓語序，謂語可視為動詞或形容詞）。

- Subject（主語）：謂語的陳述對象，通常在謂語的前面。
- Verb（動詞）：與主語部分相對，是對主語作陳述，表達時態、動作、語境等。
- Object（賓語）：表示動作或行為的成果，是動詞的連帶成分。

以下是兩句簡單例子：

- I（subject） read（verb） book（object）.
- He（subject） is watching（verb） television（object）.

如果句子失去了 Subject 和 Verb，就是不完整、有殘缺的病

2　當然，更複雜的句子還會有補語（Complement）、定語（Attributive）、狀語（Adverbial）等構成部分。但缺乏這三種組成部分的句子，亦可以是一個完整句子，所以不會在此處詳述。

句。而 Object 在大多數的句子都要存在，視乎 Verb 的性質而定。例如以上兩個例句的 Verb 均為及物動詞（Transitive Verb），就要有賓語才可成立；若是不及物動詞（Intransitive Verb）則可以不帶 object，比如：

- I（subject）am sleeping（verb）.
- He（subject）cries（verb）.

Error Identification 的題目中，句子結構不完整算是相對上較容易被考生找出的錯誤。面對這種試題，考生只要小心分辨句子各構成部分的詞性，即可解答。

3.3 介詞使用是否正確

介詞（Preposition）在英文文法中扮演着重要的角色，不僅是連接名詞、代名詞又或句子中的短語，並具有說明句子中各詞彙之間關係的作用。介詞通常用來表達時間、地點、方向、原因等概念。常見的英文介詞有 at、in、for、of、on、from、by、after、before、under、between、since 等。

可是，介詞的使用在本質上其實是一種語法習慣（或約定俗成），不像學習科學或社會理論，未必有因果解釋或推論，考生只可以了解不同介詞的使用習慣和規範，牢牢記住。

以下簡要地介紹一些常見介詞所表達的概念。

表達時間

- 說明月份、年份或季節，使用「in」。例如：「**in** July」「**in** 2022」「**in** summer」；
- 說明具體的日期或星期幾，使用「on」。例如：「**on** Monday」「**on** 23rd January」「**on** my birthday」；
- 說明一天中的特定時間或特定日子時，則使用「at」。例如：「**at** 5 o'clock」「**at** midnight」。

表達地點、方向

- 表示處於在某些封閉的或有邊界的地方，使用「in」。例如：「**in** the room」「**in** Japan」；
- 用於表達表面或物體的上方，使用「on」。例如：「**on** the table」「**on** the second floor」；
- 用於具體的地點，使用「at」。例如：「**at** the bus stop」「**at** the end of the street」。

表達原因

介詞除了上述兩種用法，考生在閱讀英文文章時也會見到這一種——以介詞來表示原因、目的或事物之間的關聯。

「Because of」表示因果關係，如「I was late because of the traffic.」；單獨一個介詞「for」就可用作表示目的，如「I went to the supermarket for milk.」；單字「by」亦可表示方式或手段，如「I go to school by bus.」；前文沒有提及的「with」和「without」也是介詞的例子，分別表示有關連和沒有關連，如「I drink coffee with sugar.」或「I drink coffee without sugar.」。

基本上，介詞將每一個詞連接起來，成為一句又一句有意義的句子。因此，辨別出介詞使用的對或錯，絕對是學習英文，以至於任何英文測試中難以避免的難題，畢竟英文的介詞用法可以十分複雜。

有些介詞可以用在多種情境下，而且有時同一個介詞在不同的情境下可能有不同的意思。此外，不同地區或版本的英語（例如美式英語和英式英語）可能對某一些介詞有不同的使用方法。因此，學習和理解英語介詞的最好方法，莫過於透過大量的閱讀和實際使用，儘可能地了解各種介詞在不同情境下的用法。

對於英語學習者來說，這可能需要付出不少的時間和耐心，但隨着時間的推移，你會發現自己在理解和使用介詞方面變得愈來愈有自信，甚至透過訓練生出語感，單從感覺已可判別眼前句子的介詞正確性。

3.4 不規則動詞的時態變化

動詞（Verb）應該是大家最熟知的一種詞型，但注意在英語文法中既然存在不規則動詞（Irregular Verbs），也就代表有規則動詞（Regular Verbs）。相信一眾離開校園已久的 CRE 考生，恐怕已經對甚麼是不規則動詞和規則動詞毫無頭緒了吧。在進一步解釋之前，先用例子說明，讓大家馬上了解。

- **規則動詞**

例子：（原形）Act →（過去式）Acted →（過去分詞）Acted

- **不規則動詞**

例子：（原形）Go →（過去式）Went →（過去分詞）Gone

動詞變化是指英文動詞在不同時態下的寫法變化，分為規則變化和不規則變化。

規則變化的動詞通常是在動詞的原形最後加上 ed，學生只要記得動詞的原形，就可以寫出 / 辨認出該動詞的過去式及過去分詞。

而不規則動詞則指動詞的過去式與過去分詞的形成無規則可依，基本上只可以靠死記硬背。相信在香港讀書的考生們，大多數從小學開始就已學習這方面的知識，當年英文課本後的附錄——許多頁列表式的動詞形態——大概就是我們這些香港學生的集體記憶了吧。

只是，當年背誦時，考生應該沒有想過在二三十年後，仍然要勤勤勉勉地溫習同樣的內容，戰戰兢兢地在測試中分辨動詞的正確或錯誤用法。

我們再看看本章開首的公務員事務局官方模擬例題，其中 Cast 是一個比較不常見的不規則動詞，這個字的過去式及過去分詞都維持不變，一樣是 Cast，英文根基較弱的考生可能一見到題目中的句子中的 Cast 跟在表示過去時態的「has already」後面，心底馬上大叫：「錯啊！它應該要是過去分詞，而非原形。」卻不知，其實 Cast 的過去分詞串法不變，故例題中的乃正確用法。

讀到這裏，如果大家仍然沒有發呆，頭腦清晰，加上有鑑於英語文法本身不是一件有趣的玩意，筆者亦不妨多提供一個記憶點——Broadcast（字中包含 Cast），它亦是不規則動詞，但比 Cast 更特別的是，Broadcast 的過去式及過去分詞通常是串法不變的 Broadcast，與 Cast 一樣；但與此同時，Broadcast 也可以串成 Broadcasted 以用作過去式及過去分詞，只是這種用法比較不常用，但不算錯誤。

雖然不規則動詞的過去式與過去分詞的形成並無規則可循，但也有幾個類型可供考生參考以便更容易理解，分別是：

原形、過去式與過去分詞相同（俗稱「AAA」）

前文也提過，三個時態下的動詞寫法相同，例如：

- （原形）Cast →（過去式）Cast →（過去分詞）Cast
- （原形）Put →（過去式）Put →（過去分詞）Put
- （原形）Hit →（過去式）Hit →（過去分詞）Hit
- （原形）Read →（過去式）Read →（過去分詞）Read

原形僅與過去式寫法相同（俗稱「AAC」）

- （原形）Beat →（過去式）Beat →（過去分詞）Beaten

原形僅與過去分詞寫法相同（俗稱「ABA」）

- （原形）Come →（過去式）Came →（過去分詞）Come
- （原形）Become →（過去式）Became →（過去分詞）Become
- （原形）Overcome →（過去式）Overcame →（過去分詞）Overcome
- （原形）Run →（過去式）Ran →（過去分詞）Run

僅過去式與過去分詞寫法相同（俗稱「ABB」）

- （原形）Buy →（過去式）Bought →（過去分詞）Bought
- （原形）Bring →（過去式）Brought →（過去分詞）Brought

- （原形）Find →（過去式）Found →（過去分詞）Found
- （原形）Win →（過去式）Won →（過去分詞）Won
- （原形）Pay →（過去式）Paid →（過去分詞）Paid

三個時態的寫法都不相同（俗稱「ABC」）

- （原形）Be →（過去式）Was/Were →（過去分詞）Been
- （原形）Rise →（過去式）Rose →（過去分詞）Risen
- （原形）Give →（過去式）Gave →（過去分詞）Given
- （原形）Take →（過去式）Took →（過去分詞）Taken
- （原形）Spin →（過去式）Span →（過去分詞）Spun

在選擇答案時，考生很容易落入一個圈套——以為未見過的字詞串法就是錯。這本書不是英文的文法專書，亦無意挑戰以短短數頁去解釋英文所有動詞形態，畢竟小學唸書時就算花上整整六年背誦英文動詞時態表，但也有很多人到畢業時都未能釐清所有動詞的變化，而這只是英文文法世界中的一小部分而已。以上舉例的五類例子希望給予考生一個簡單的腦袋預習，讓考生在應試前先重溫這些最常見的不規則動詞變化，以免墮入試題陷阱。

3.5 注意「形容詞順序」

除了前文提到的英文文法要點，以及其他考生在讀書期間有機會學到的文法種類，筆者想借此機會特別談一談「形容詞順序」(Adjective Ordering，或作 Order of Adjective) —— 這是一個讀書時英文科老師未必會教，但在日常生活有不少機會遇到的實際文法問題，或者該說是在 CRE 英文運用測試中有可能會考的 Old Grammar Rule。

當一個句子中，在名詞前存在多於一個形容詞時，這些形容詞通常會按照特定的順序排列，稱之為 Adjective Ordering。以下是引用自 Cambridge Dictionary，合乎規範的形容詞順序：

【先】Opinion → Size → Physical Quality → Shape → Age → Colour → Origin → Material → Type → Purpose【後】

在絕大部分的情況下，當使用多於一個形容詞來形容事物或事情時，各形容詞應按照上述的次序來排列，具體例子如下：

- A **beautiful new Chinese** scarf. (Opinion → Age → Origin)
- Two **ugly yellow leather** wallet. (Opinion → Colour → Material)
- Three **big nursing** home. (Size → Purpose)
- Four **weird tall Italian** men. (Opinion → Size → Origin)

- Five **pretty tall thin young black-haired Japanese** girls.（Opinion → Size → Physical Quality → Age → Colour → Origin）
- Six **interesting long Korean** dramas.（Opinion → Size → Origin）
- Seven **long orange plastic** brushes.（Size → Colour → Material）
- Eight **rectangular pink metal** suitcases.（Shape → Colour → Material）
- Nine **big round brown wood dining** tables.（Size → Shape → Colour → Material → Purpose）

為何各種形容詞必須按這個順序來排列？筆者僅能說這是 Old Grammar Rule，符合英文的語感，但無法給出背後的因果理由。對於未培養出英文語感的考生，只能靠背誦。

不過，也有例外。當句子中想特別強調某一個形容詞時，以上的順序可以調動。譬如作者想在一眾年輕的中國人女性中，表達某一位特定的紅髮女子，句子可以寫成「That **red-haired young Chinese** lady.」（Colour → Age → Origin），雖然違反形容詞的慣常順序，但由於這一句話想強調的重點是「red-haired」，把它放在所有形容詞的最開首，就是字詞意思淩駕順序。

換言之，考生在作答時，必須仔細綜觀「前文」和「後理」，才再去決定答案。附帶一提，**Adjective Ordering 是其他同類 CRE 英文運用測試專書中比較少提到的內容，卻是頗常出現於 CRE 的題目。**很多考生反映，曾在實際應考時遇過這類題目，但當時只覺得句子毫無問題，完全不知道錯在哪裏，直到筆者解釋後，才恍然大悟是形容詞順序不符合規範。

另外，還有很多會在 Error Identification 類題型中出現的英文文法錯誤，在此實在難以一一列舉。考生可以參閱本章的模擬題目，筆者會盡量將多些不同類型的文法題目羅列在內，並在答案分析部分逐一解讀。

3.6 模擬練習及分析

The sentence below may contain a language error. Identify the part (underlined and lettered) that contains the error or choose 'E No error' where the sentence does not contain an error.

1. Yesterday, a big monster had appeared and was destroying the city. There were a lot of police discussing about what was it and what to do.

A had appeared

B was destroying

C discussing about

D what was it and what to do

E No error

答案	C. discussing about

答案分析

選項 A 和 B 其實是這一題的陷阱，一個短句中出現兩個不同時態的動詞，容易誤導那些對英文時態動詞不太熟悉的考生，驟眼一看便錯誤地以為是錯誤。「had appeared」是 Past Perfect Tense，常見的用法是在兩件已發生的事情上，用於較早發生的那一件事，這亦是此題中的用法。而「was destroying」是 Past Continuous Tense，是在較早發生的事情後，接着持續了一段時間的行動。

動詞的時態自古已是英文文法練習書上老是常出現的題目，在 CRE 英文運用測試中亦不例外。筆者希望透過這條題目提醒並讓考生重溫一下 Past Perfect Tense 和 Past Continuous Tense 用於文句中的意義，以免再誤墮同類型陷阱。

選項 C 是此題的正確答案，「discussing about」固然是老生常談的文法錯誤——經常有人會錯誤地在 Discuss 後面接上介詞 About。例如將「We discussed this subject」寫成「We discussed about this subject」，但其實 Discuss 屬於及物動詞（Transitive Verb），及物動詞後面一定要連接着受詞（Object）才合乎文法。因此，Discuss 後面應該直接放上受詞「what was it and what to do」，中間不用插入「about」。

至於選項 D 純粹是一組令考生覺得似是而非、冗贅複雜的文字，儘管這組文字可能並非最理想的表達方式，但沒有觸犯任何語文上的錯誤。

既然 C 選項已是 Identified Error，那麼選項 E 亦順理成章不用理會了。

2. Having devoted her life to the pursuit of knowledge and the discovery of new frontiers in medical field, the esteemed scientist was understandably elated when she was awarded the Nobel Prize, a monumental accolade that signified the contribution of her prodigious journey.

A Having devoted
B pursuit of
C understandably elated
D signified
E No error

答案	E. No error
答案分析	這條題目的難處在於使用了很多平時比較冷門少用的英文詞彙，容易令閱讀題目時不太明白字詞意思的考生發生失誤。因此，歸根究柢還是要靠考生在日常累積足夠的英文詞彙庫，並透過題目前文後理小心進行觀察分析。 又，有些網上流言建議，當考生不確定哪個選項是正確答案時，優先選擇字數最長的答案。然而，這一條和上一條題目都正好告訴大家，不要盲目相信這種傳言。在考試前做足準備，多看多讀，才是成功過關的真理。

3. The sun rised early in the morning, singling the start of a new day.

A rised
B in the morning
C singling
D start of
E No error

答案	A. rised
答案分析	這條題目所犯的文法錯誤是相當常見的，串錯不規則動詞時態——「rise」的過去式應該是「rose」，而不是「rised」。 這一題的難度系數屬於最淺的 0.1，只是讓考生熱身的題目。萬一考生答錯這條題目的話，就要好好反省和加緊溫習了。

4. Ever since they joined the football team during their first year of high school, they have weared the same uniforms, showing their dedication and solidarity.

A Ever since
B during
C weared
D solidarity
E No error

答案	C. weared
答案分析	這題涉及另一個很常用的不規則動詞——「wear」，其的過去式應該寫作「worn」，而非「weared」。 這題的難度系數大約是 0.2？不管如何，這亦是一條考生絕不應該答錯的題目。 所謂不規則動詞，即是那些不遵循在字尾添加「-ed」以表達過去時態的英文動詞，考生必須多了解，甚至單獨學習及背誦每一個常見的不規則動詞串法。

5. The incident was happened when the shopkeeper left the shop at 6pm for dinner.

A was happened
B when
C left the shop
D for
E No error

答案	A. was happened
答案分析	這一條也是熱身題，「was happened」是錯誤的，因為 Happen 屬於不及物動詞，而這類動詞是沒有被動形式（Passive Form）的，其他沒有被動形式的不及物動詞還有 Come、Exist 等等。

6. Given that we've had such a long and productive morning meeting for the upcoming project, I was wondering, have you had a lunch yet?

A we've had
B for
C the upcoming
D a lunch
E No error

答案	D. a lunch
答案分析	在名詞前面寫上冠詞（Article），如 a/and/the，以明確指示某特定物品或事件，這是小學唸英文時會學到的文法。 筆者在此不擬詳談冠詞的使用規則，只寫跟這一題有關的一種例外用法——當談及的是非特定的日常事件（Everyday event）時，在該事件前是不使用冠詞的。 根據題目的意思，所說的應是一般午餐，「a」就成為了這個不必要的冠詞。然而，如果句子中所說的是一次特別的、另有所指的午餐活動，我們就會在「午餐」前使用冠詞，如「a team lunch」「an anniversary lunch」。

7. Despite being tired, the team continued to play hardly and gave their best until the final whistle.

A Despite
B play hardly
C gave their best
D until
E No error

答案	B. play hardly
答案分析	句子中的「play hardly」是錯誤用詞，應該改為「play hard」才正確。 Hardly 是一個副詞，意思是「僅僅；幾乎不」。根據前文後理，正確的寫法應該是用形容詞「hard」來描述球隊全力以赴直至賽事最後一刻的狀態。

8. Terrence was feeling sick yesterday during office hour and decided to lay down for a while although his supervisor was in the office.

A during
B lay down
C a while
D although
E No error

答案	B. lay down
答案分析	選項 B 中的 Lay 是一個及物動詞，後面需要連接的是賓語。此處應該用 Lie 這個不及物動詞來取代。Lay 和 Lie 同樣表示躺下的意思，但 Lie 不需要後接賓語。 留意 Lie 當作動詞使用時，除了解作「說謊」，也可解作「躺下」，其過去式是 Lay，而過去分詞的寫法則是 Lain。

9. In the vast expanse of the universe, astronomers constantly seek for evidence of extraterrestrial life, hoping to unlock the mysteries of existence beyond our own planet.

A vast expanse
B seek for
C hoping to
D beyond
E No error

答案	B. seek for
答案分析	選項 B 錯在包含了不必要的介詞「for」。 事實上，這是十分常見於香港的文法錯誤 —— 動詞 Seek 之後連接介詞是不正確的！形成這個錯誤的原因，也許是因為香港人常常說 Look for，而 Look 與 Seek 的音義相近。 這不算是一條很難的題目，但筆者在此想特別提醒考生，近年 CRE 英文運用測試的設題，增加了不少以不常見事物為內容的句子，使用的詞彙也變得較冷門，背後出題理念是藉着冷門詞彙令英文水平較弱的考生望而生畏，因此考生要對這種情況有心理準備。

10. The singer's powerful voice amazed the audience and made them applause loudly at the end of the performance.

A powerful

B amazed

C applause

D at the end of

E No error

答案	C. applause
答案分析	題目中的「applause loudly」讀起來看似沒有錯誤，儘管 Applause（掌聲 / 鼓掌）不算是冷門詞彙，但這題測試的是考生是否了解「詞語屬性」。Applause 其實是一個名詞，而非動詞，放在這句中便大錯特錯了。 觀乎題目句子想表達的意思是觀眾熱烈鼓掌，因此應該使用動詞 Applaud 才對。

11. Nutrition Labelling Scheme assists consumers in making informed food choices; encourage food manufacturers to apply sound nutrition principles in the formulation of foods; and regulate misleading or deceptive labels and disclaimers.

A informed
B sound
C regulate
D disclaimers
E No error

答案	D. disclaimers
答案分析	本題的中譯版本為：營養資料標籤制度可幫助消費者作出有依據的食物選擇；鼓勵食物製造商引進符合健康營養準則的食品，以及規管有誤導或欺詐成分的標籤和聲稱。 這條題目旨在測試考生是否認識 Claims 和 Disclaimers 的分別：Claims 是指一個人或組織對某事物的主張或聲明，通常涉及權利、事實或所有權；而 Disclaimers 指免責聲明，是一個人或組織用來拒絕或否認責任或關係的聲明，通常用於保護自己免受法律糾紛或損害。 在一個理性的社會中，我們比較常見到食品製造商為其產品制定 Claims（聲明），通常涉及產品可能引起的健康問題，或者產品含有可能令人過敏的成分。例如在堅果製成食品的包裝上，通常會印有「本產品可能含有堅果」，以此向可能對堅果過敏的消費者發出警告。假若食品製造商明知其產品存在缺陷或潛在危害，卻發出 Disclaimers（免責聲明），並不代表能豁免責任，事實上亦不常見。

答案分析

套用到這一題，句子提到的 Nutrition Labelling Scheme（營養資料標籤制度）目前只是要求列明各種營養素含量和涉及脂肪的膽固醇含量，與責任或免責等內容無關，在內容上亦不貼題。因此，D 選項的「disclaimers」用於這句是錯誤的。

另外，選項 B 的「sound」，除了有「聲音」（名詞）、「聽起來」（動詞）的意思，如作為形容詞，還有「健全的、完好的」之意，句中「sound nutrition principles」解作「健康營養準則」。

12. He's the man whom they believe has the skills to lead the company into a new era of prosperity.

A whom
B to lead
C into
D era of prosperity
E No error

答案

A.

whom

答案分析

這條題目測試考生對「who」和「whom」的認知，兩者都是代名詞，意思也一樣，容易令人混淆，但它們的分別在於須切合不同的語法情境來使用。

Who 是主詞代名詞，也就是說它被用作替代句子的主語（Subject），指正在做動作的人。例如在「Who is leading the company?（誰在領導公司？）」這一句中，「Who」是句子主語，另一個說法是正在進行動作——領導公司——的人。

而 Whom 是賓語（Object）代名詞，這意味着它被用作動詞或介詞的賓語，所指的是接受動作的人。例如在「To whom was the letter written?（這封信是寫給誰的？）」這一句中，「whom」是介詞「to」的賓語，意指接受動作的人，亦即閱讀這封信的對象。

覺得上述解釋很複雜對吧？筆者教大家一個非官方簡易版來判斷「who」和「whom」的使用場景——以「he/she」或「him/her」取代回答問題——

- 如果「he/she」適合在句子中使用，就使用「who」；
- 如果「him/her」適合在句子中使用，就使用「whom」。

舉例說，「You were talking to __?」（你在和 __ 說話？）這一句，如果考生在此處使用「he/she」——「You were talking to he/she」，不用多作解釋，也應該知道不正確，這時應該使用「him/her」，即「You were talking to him/her?」。因此，在這句中的正確填字是「whom」——「You were talking to whom?」。

套用在這一題的句子中，只要考生改寫「...... __ has the skills to ......」並讀出「him/her（whom）has the skills to ......」，自然就能發現不正確之處。是的，這裏應該用主詞代名詞，而非賓語代名詞。

以上都是一些生活中常見而考生可能覺得難度不太高的題目，老實說只是供考生熱身。真實的 CRE 英文運用測試出題當然是更困難的。因此，以下開始的題目錯處會愈來愈多元化，用字也會愈來愈深奧，難度愈來愈高，考生要好好加油。

13. Since 2000, the government has been conducting the Rodent Infestation Survey (RIS) regularly by setting baits in designated survey locations to monitor rodent infestation.

A has been conducting
B regularly
C setting
D in
E No error

答案	E. No error
答案分析	此題譯作：自 2000 年起，政府定期在指定監察地點設置誘餌，進行鼠患參考指數調查（RIS），以監察鼠患（Rodent Infestation）情況。 有關鼠患的資訊使用了不常見的詞彙、字眼，而這麼多的字詞濃縮在一句裏，算是公文常用的句式結構，但考生在日常生活中可能較少接觸，然而不代表這有文法錯誤。

14. The climate crisis is not some far-off future thing but a major driver of the water crisis in Arizona, the record heat waves in the Pacific Northwest, and deadly storms like Hurricane Ida.

A far-off future thing
B a major driver
C record heat waves
D deadly storms
E No error

答案	A. far-off future thing
答案分析	「Far-off future」是一個短語動詞（Phrasal Verb），用來描述一個遙遠的、未來的時間，通常是談論在數十年或數百年後才會發生的事情。在這一題中被視為錯誤的原因在於，「future」的詞性為名詞，所以不應該在後面加上「thing」字。 順帶一提，其實「far-off future」和較常見的「far future」意思相同，「far future」也是指遙遠的未來時間，通常是數年、數十年，甚至數百年後。這兩個短語動詞可以互換使用，不構成錯誤。

15. Food premise owners should step up the cleansing and inspection of all ventilation systems in the premises, pay more attention to food safety and the health condition of staff, remind staff to observe good personal hygiene and to cease work immediately if they feel respiratory symptoms or fever.

A Food premise
B observe
C cease work
D feel
E No error

答案	D. feel
答案分析	這是網上的辦公室英語教學影片中頗常出現的課題——如何用英文表達病徵。 當形容病徵時，較常見而且正確的英語表達方式應該是「……develop respiratory symptoms」或是「……have respiratory symptoms」，而非「feel respiratory symptoms」。其實譯為中文，也會說「出現（Develop）/ 有（Have）病徵」，而不會說「感到（Feel）病徵」。 另外，「Food premise」未必是考生日常會經常接觸的的詞彙。其實這是香港政府官方文件中提及食肆時所經常使用的字眼，意思是「食物業處所」。

16. Plasticisers are substances added to the materials such as hard plastics to improve their flexibility and durability, which work by embedding themselves between the chains of polymers, spacing them apart and thus making them softer.

A the materials
B improve
C embedding
D between
E No error

答案	A. the materials
答案分析	題目內容可以源出日常生活議題，當然亦可以有一般人較感陌生的主題，比如 Plasticisers（塑化劑）。 儘管這一題的取材內容較冷門，但文法錯誤卻很簡單，算是基本中的基本。「the」是定冠詞（Definite Article），只用於特定的事物或前文中被提及過的事物。在題目的句子中，「materials」是第一次被提及，而且按前文後理僅泛指一般塑化物，所以不應該使用定冠詞。

17. The luxury hotel prides itself on offering guests an unparalleled experience, complete with opulent suites, world-class dining, and an array of exclusive amenities, all designed to cater to the travellers who seek not just comfort and convenience, but also a taste of the extraordinary, a promise that, unfortunately, fell flat in the face of the recent criticisms.

A prides
B an array of
C comfort and convenience
D fell flat
E No error

答案	D. fell flat
答案分析	公務員事務局就 Error Identification 類題目的官方指引中提到，「......language errors which may be lexical, grammatical or stylistic」，而這一題的錯誤正正是 Lexical Error，亦即是用詞不當（另一個較門外漢的叫法，是 Wrong Use of Words）。所謂用詞不當通常涉及以下兩情情況：一、該詞彙不適用於句子語境；二、詞彙的語義不符合句子想要表達的意思。 就這一題而言，首先要明白文字想表達的意思，中譯版為：這所酒店以提供無與倫比的體驗而自豪，包括豪華套房、世界級的餐飲，以及一系列獨家設施，旨在迎合那些不僅追求舒適和便利，而且尋求超凡體驗的旅客，這個承諾不幸地在最近的批評面前「fell flat」。 Fell flat（現在時態為 Fall flat）的意思是「平平無奇，未收預期效果」，「flat」用在這裏解作「平淡」，但 Fell flat 是一個沒有感情屬性的詞彙，放在這兒令人不明白究竟平平無奇的是「promise」還是「unparalleled experience」？然而，不論是哪一邊，其實都不適宜用「flat」來形容。 在這一題中，更適用的詞語是「fell short」（未達要求 / 期望），這才能準確地描述酒店未能做到自身的承諾。
	相對而言，用詞不當是比文法錯誤更難辨別出來的。一來很講究考生對詞彙的認知是否足夠廣闊及準確；二來用詞不當是沒有所謂標準答案的，如這一題即使不用「fell short」，其實也可以用其他詞語或短句去表達同一種意思；至於文法錯誤則基於文法規範而有標準的改正方案。自小在香港讀書，習慣了一切試卷皆有模範標準答案的考生，當然會較有信心作答文法錯誤類的題目了。

18. The International Society of Arboriculture was founded in 1924 to promote the professional practice of arboriculture and fosters a greater worldwide awareness of the advantages of trees.

A founded
B professional practice of arboriculture
C greater worldwide awareness
D advantages
E No error

答案	D. advantages
答案分析	選項 D 的 Advantage 直譯為「優點」，放在這段文字之中看似沒有問題，其實不然。 在英文的使用習慣中，Advantage 通常用來描述某種情況、某種事物或某個人所擁有的優越性或優勢。例如一項技術的優點可能包括其效率比較高或成本比較低——關鍵是一定要跟其他同類事物作出比較。 回看此題，上文下理都沒有意欲去比較「trees」跟其他生物或物種的優劣之別，只是單純想表達樹木所帶來的利益或好處，因此不應該用「advantages of trees」，改用「benefits of trees」才是更正確。 考生在作答時要注意，語言的使用不只在於字面含意，更需要考慮英文慣用語法和句子語境。

19. Some fans of the electric scooter racing activity are of the opinion that maybe due to the accident in the practice field, the government becomes to hold a negative attitude towards electric scooter racing activities.

A Some fans of
B are of the opinion that
C becomes to hold a negative attitude
D towards
E No error

答案	C. becomes to hold a negative attitude
答案分析	儘管選項 B「are of the opinion that」是一個十分累贅的表達方式，而且很少人會這樣說 / 寫，但本身沒有任何文法或用詞錯誤。更直接（或簡潔）的取代方案可以是只用「believe」一字。 至於選項 C 為何是錯？因為文法上不應該寫成「become to hold」，正確應是「become negative towards/to/about」。其他可表達同一意思且語法無誤的取代方案包括「has begun to show its disapproval of……」或「has become more negative about……」。

20. Nothing in the Ordinance shall prevent an owner of property from selling, assigning, mortgaging, charging, leasing or otherwise disposing of or dealing with his share.

A Nothing in
B prevent
C or otherwise
D disposing of
E No error

答案	E. No error
答案分析	這一題的中譯版本為：條例所述一切，不妨礙一名業主售賣、轉讓、按揭、押記、租賃或以其他方式處置、處理其所擁有的份數。 事實上這段文字是由一項法律條文所改寫而成的，也是CRE 試卷中偶爾會出現的題類。而所謂法律條文，某程度上可解理為「所有文字分開閱讀都容易理解，但變成句子就會令人感到困擾難明的語文」，亦是現時在某些較資深公務員筆下仍會見到的行文風格（不論中英文）。 雖然複雜，但總要面對。 「Or otherwise」是法律條文的常用字，通常用於概括前述列舉內容中未包含的其他可能情況。與單用「or」的分別在於：列舉一系列具體的選項時，通常會使用「or」；如果你想要涵蓋所有其他可能的情況，你可以使用「or otherwise」。 由於法律條文用字需要十分精準和意思明確，跟日常說話寫作相比缺乏彈性。比如要直接列明何種情況下屬於合法 / 違法時，便會使用「or otherwise」以涵蓋所有訂立條文時想到的可能情況。當然，「or otherwise」亦會出現於法律條文以外的其他場合，故考生要視乎句子內容，去評估用字是否正確。 當考生明白句子中「or otherwise」的意思後，再讀選項 D 的「disposing of」便不難理解——selling, assigning, mortgaging, charging, leasing or disposing of his share; or dealing with his share——選項 D 的詞性與選項 C 一致，兩者均可應用在「his share」上，亦即是正確無誤了。

21. Auntie Joanne was having a dinner party for friends and family. Two days earlier she had bought all the required ingredients, measured them, prepared a big apple pie and put it in the freezer.

A for
B had bought
C measured them
D in
E No error

答案	C. measured them
答案分析	考生要辨別這題的錯誤之處，前提是要知道「Measure out」這個短語動詞（Phrasal Verb），其解作「Weigh or measure a small amount of something from a large amount of something」（從大量物品中，量度出較小分量的東西）。 套用在這一題中，正確寫法應為「Two days earlier she had bought all the required ingredients, measured them out……」（從兩天前已買入的材料中，量度出要用的分量……），如果只用「measure them」，雖然字面意思也是說量度，但意思是量度所有材料的分量（但其實只是量度出製作蘋果批的材料分量），不僅令人誤解，邏輯上也不合理。

22. Popular Korean dramas include *Crash Landing on You, Vagabond, Strong Girl Bong-soon, Goblin*, and *Reply 1988* have gained a large following both domestically and internationally, with many fans praising their engaging storylines and memorable characters.

A include
B gained
C large following
D with
E No error

答案	E. No error
答案分析	沒有錯誤的題目就不花太多篇幅解說，只談較關鍵的部分。 這裏想考生認識「gain a following」這個說法，意指吸引一群支持者，這些支持者通常對一個 / 隊人、公司、產品、觀念或運動有共同的興趣或者欣賞。換言之，題目中「gained a large following」就是指文中提及的韓劇吸引了很多支持者（或觀眾）。

23. To address single-use-plastic waste and its effects on the environment, the institution is committed to supporting restaurant merchants' transition to recyclable, compostable, and reusable packaging.

A single-use-plastic waste
B is committed to
C supporting
D transition to
E No error

答案	E. No error
答案分析	另一條 No error 的題目。 筆者估計會有小部分讀者誤以為選項 C 的「supporting」不正確，因為介詞「to」後面的動詞不都一律使用現在式嗎？但凡事有例外，Committed to 的意思是「承諾做某事」或者「致力於某事」，這個「某事」通常指一種行為或者一項活動，所以在 Committed to 後面需要連接名詞或者動名詞。 在這一題中，連接在 Committed to 後的動詞 Support 後綴「ing」變成動名詞形式，屬於正確的做法。 其他還有一些使用後綴介詞「to」的動詞或短語，緊接着的動詞也需要使用動名詞（動詞後綴 ing），包括 Look forward to、Get used to、Admit to 和 Object to 等等。

24. The carriage of certain hazardous materials, like aerosols and flammable liquids, aboard the aircraft is forbidded. If you do not understand these restrictions, further information may be obtained from your airline.

A aboard the aircraft
B is forbidded
C may be
D obtained from
E No error

答案	B. is forbidded
答案分析	在英文中，有很多動詞加上「ed」或「ing」後綴會變成形容詞，常見的規則： ● 動詞 +「ed」的形式的形容詞，常見於描述人的感覺或情緒。例如 Bored（無聊的）、Excited（興奮的）或 Frightened（害怕的），都是描述人的感覺。 ● 動詞 +「ing」的形容詞則常見於描述事物或者情況所引發的感覺。例如 Boring（沉悶無聊的）、Exciting（令人興奮的）或 Frightening（令人害怕的），都是描述事物或者情況本身。 相信絕大部分讀者都了解動詞加上「ed」或「ing」後綴會變成形容詞，但未必十分了解以上的規則，以致見到此題的「forbid」被改為「forbidded」作形容詞之用，就誤以為是正確用法，其實不然。 並非所有的動詞都可以通過加上「ed」或「ing」作結而變成形容詞。Forbid 的形容詞形態為「Forbidden」，套入此題，正確寫法應為：The carriage of certain hazardous materials, like aerosols and flammable liquids, aboard the aircraft is forbidden.

25. This is a servicing email from the company containing important information and updates about the use of services / products and are not intended to be marketing in nature.

A servicing email
B use of
C are not
D intended to be
E No error

答案	C. are not
答案分析	這是複句中常見的文法錯誤——「This is ...... and are not ......」——句子的主語是「a servicing email」，Verb to be 理應用單數的「is」，而本題在「and」之後卻用了眾數的「are」，是一個明顯但亦很容易因不小心而忽略的錯處。 在 CRE 英文運用測試中，這是一種常見的文法錯誤，特別容易見於又長又複雜的句子。在碰到長句子或複句時，筆者建議考生要小心確認和檢查句子中，所有動詞時態、主語、謂語、名詞的複數形式等是否保持一致。 因此，若未來面對其他公務員筆試時，考生要寫長句或文章，宜盡量寫短句，以免犯上不小心的錯誤。

26. Environmental Justice guarantees that the world has equal access to a healthy, safe, and sustainable environment, as well as equal protection from environmental harm, has increasingly picked up momentum as our social justice movements and environmental issues have grown.

A the world
B access to
C picked up
D grown
E No error

答案	A. the world
答案分析	題目中「……the world has equal access to a healthy, safe, and sustainable environment……」（直譯：世界可平等地獲得一個健康、安全和可持續的環境），犯了用詞不當的錯誤。 先不論在邏輯上「世界」作為一個持分者能不能「has access to an environment」，但要討論「equal access」，前提是要有多於一個的眾數持分者，才可使用「公平」這個概念——世界只有一個，即只有一個持分者，那就可以獨享了，還談甚麼公平？ 若要正確地表達同樣意思，可以是「……the world with equal access to......」或「……everyone has equal access to......」。 另外，筆者也想介紹一下跟選項 C 有關的英文片語「pick up momentum」，其意思是獲得動力或增加勢頭。常見於描述一個過程、專案或運動開始加速或進展得更快。放在這一題中，指 Environmental Justice 這個理念的發展或傳播變得很快。

27. Thai are widely recognized for their warm hospitality, a trait deeply rooted in their rich cultural traditions and Buddhist philosophies.

A Thai
B widely recognized for
C deeply rooted in
D rich
E No error

答案	A. Thai
答案分析	在英文中，根據國家名稱形成國籍的形容詞和名詞，並沒有統一的寫法規範。 當我們表達一個國家的人的時候，通常使用以「-ese」或「-ish」結尾的國籍形容詞，後接複數動詞；同時，會被用作為該國語言的名詞，常見而考生一定會認識的例子有「Asia <—> Asian」「Europe <—> European」「Malaysia <—> Malaysian」。 但並非所有情況都適用。例如這題的泰國（Thailand），「Thai」是用作形容詞，而「Thai people」才是正確表達泰國人的名詞。題目句子是說泰國人熱情好客，所以只用「Thai」是不正確的。

Chapter 04

Sentence Completion
題型解析

開始進入 CRE 英文運用測試的第三、第四部分，跟前兩個部分對考生的要求有所不同。前兩個部分是測試考生的閱讀及理解能力，還有英語文法。但來到最後兩個環節，就開始考驗考生的文字表達能力。

4.1 難在選出「最合適」答案

首先看看官方對 Sentence Completion 試題的官方解說：「In this section, candidates are required to fill in the blanks with the best options given. The questions focus on grammatical use.」。換言之，這部分是要求考生選取最合適的選項（The best answer）來填充空格（Fill in the blank），以完成一個完整句子，錯誤的選項有機會是文法或用語上的不當。

以下引用公務員事務局網站上的例題來說明：

This market research company claims to predict in advance ________ by conducting exit polls of selected voters.

A the results of an election will be
B the results will be of an election
C what results will be of an election
D what the results of an election will be
E what will the results of an election be

答案：D

這一題的中文直譯是：「這家市場調查公司聲稱可通過針對指定選民（selected voters）的票站調查（exit polls）來提前預測____。」需要填入空格的內容是「出現怎樣的選舉結果」。五個答案中，選項 A、B 都缺少了「what」字，不符合文法，使意思變成「預測到選舉結果」，而非「預測會出現怎樣的選舉結果」，所以可排除掉。至於選項 C、D 及 E 的字面意思似乎都合用，但從語法上看，選項 C 和 E 的句式排列均不符合語法規範，前者錯在分拆「results of an election」，後者則錯在分拆了「will be」，結果只有 D 完全正確。

然而，這部分試題的最大難度在於，**五個選項中有機會存在多於一個正確答案**（Correct answers），亦即是有多於一個選項是沒有任何文法或用語毛病，但**考生要從中選出一個「最合適」（The best）的答案。**

何謂「最合適」？準則是該選項比起其他正確答案（如果有），應該要更加不會引起歧義、誤會，或者是更加切合句子的整體文意和風格。

力求簡潔清晰　默誦順暢為宜

撇開文法、文意，以下是當考生面對看似模稜兩可的選項而猶豫不決時，可採取的解題方向。

在選取答案時，考生**應該考慮哪個選項更能令題目的原句達到簡潔和清晰的平衡**。高效的表達方式應該盡可能清楚準確地傳達文句意思，同時避免不必要的冗長與贅詞。選項應該只包含必要的用字，兼顧簡潔和清晰。當然，前文引用的官方例題中，五個選項無論是使用的字眼和字數都相差無幾，不適用於此方法，但考生可以在練習本書的模擬題目時按上述方法來思考。

考生選定認為正確的答案後，可以**嘗試將選項插入原句，再把整句由頭到尾在心中默唸一遍，檢查句子是否通順自然。**能夠在完整的句子中順暢運用的選項，通常不但在意思上正確，語法和詞序也適合放在題目空格位。假如把選項插入原句後沒有發現語法錯誤，但讀起來不盡順暢，考生也應重新考慮該選項是否為「最合適」的答案。

綜上所述，考生在作答 Sentence Completion 的題目時，不能僅從單一的準則選擇答案，還需要綜合語法、詞序、語意、語境各方面進行判斷。然而，答題時間十分有限（理論上每題只能花一分鐘左右），故考生不可能逐個字分析。因此在實際應考時，更快的折衷辦法就是如上文所述，考生只要確保題目空格在插入答案後，讀起來可以維持流暢通順便好。

4.2 模擬練習及分析

1. For taking images as the Sun is being eclipsed, ________ to protect the camera, just as photographer needs a pair of eclipse glasses to protect their own eyes.

A a special solar filter will be
B a special solar filter is needed
C please add a special solar filter
D you'll require to use a special solar filter
E you'll need to use a special solar filter

答案	B. a special solar filter is needed
答案分析	選項 A 會形成文法上的錯誤（「...will be to...」），顯然不是正確答案。 至於選項 C、D、E 都是第一人稱的語句，亦即是「我」對「你」說話的語氣，不符合題目上句子整體所使用的第三人稱陳述句式，所以這三個都不是最佳答案。

2. Archaeology is the scientific study of mankind's past carried out by analysing the physical remains of human activities, which can be found in various forms, from artefacts such as stone hammers and ________ to structures such as houses and graves.

A forts
B fragment of pottery
C fragments of pottery
D pieces of pottery
E piece of pottery

答案	C. fragments of pottery
答案分析	題目句子的中譯版本為：考古學是根據人類活動遺留下來的文物，以研究人類過去的一門學科。研究對象包括各式各樣的遺物，例如石錘及陶器等；此外亦包括古代人類生活的遺跡，例如房屋及墓葬等。 選項 C 的「fragments」解作碎片、碎塊（A small piece or a part, especially when broken from something whole），在題目中表示陶器（Pottery）碎片，是正確答案。 選項 D 跟正確答案其實十分相似——「pieces」亦可解作碎片（A part of something）或作品的意思，「pieces of pottery」可解作陶器碎片或陶瓷作品，卻不是最合適的答案，原因有二： 首先，雖然兩者中文解釋一樣，但「fragment」可特指「從一個完整品破損後所得出來的碎片（Especially when broken from something whole），更符合此句的意思，即由完整的古遺物所落下的碎片，而「pieces」則無法表達這一層意思。

答案分析	其次，由於「pieces of pottery」同時可解作陶瓷的碎片或作品，容易引起歧義。在文字的表達上，語文使用者應儘量使用準確而不引起誤會的用字。相較之下，選項 C 的「fragments of pottery」就比 D 的「pieces of pottery」更適用了。 而選項 B 和 E 都不是正確答案的原因是，考古學的研究對象斷然不會只是單一件的陶瓷碎片，所以應該用眾數。 而排除掉選項 A 的理由是不符合前文後理的邏輯，「forts」解作堡壘、城堡，顯然不可能是文中所述 Artefacts（人工製品、手工藝品）的適用例子了。

3. The Government strives to support small and medium enterprises to ________ , including exploring more diversified markets.

A embracing new business opportunities
B embrace new business opportunities
C invent new business opportunities
D inventing new business opportunities
E explore new business opportunities

答案	B. embrace new business opportunities

答案分析	首先使用排除法——選項 C 和 D 中的「invent」解作發明、創作，跟前文後理完全對不上（語意上，商業機會不會被發明或創作出來），所以這兩個選項都不是正確答案。 選項 E 在文理上是正確的，但由於後半句是「including exploring more diversified market」，在一句句子中重複使用同一詞彙「explore」是不理想的寫作風格（除非是句子的主語，如本句的「small and medium enterprises」，在有需要時就可重複使用），所以選項 E 雖然在文法和語意上均正確，卻未必是這一題的最佳答案。 餘下再看選項 A 和 B，「embrace」解作擁抱，「擁抱商業機會」是說得通的，也是適合的動詞。而根據文法而言，在「to」字後面的動詞一般不應該用「embracing」，故排除選項 A。 最終以 B 選項為最佳的答案。

4. You may wish to buy your man ________ to mark the special romantic milestone on the coming Valentine's Day.

A an old wonderful European watch
B a old wonderful European watch
C a wonderful old European watch
D a European old wonderful watch
E an European old wonderful watch

答案	C. a wonderful old European watch

答案分析	假如考生做錯這一題，有兩個原因——一是考生還未閱讀本書第三章講解的「形容詞順序」，二是考生讀完該些內容後沒有背誦在心中。兩個理由，都只有同一個解決方法——回去再閱讀並記誦第三章的內容吧。 英文文法是編製 CRE 英文運用測試考卷中任何類型題目的最主要出題思路，同一個語法的測試，換個形式就可以出現在不同的題型中，不論是 Comprehension、Error Identification、Sentence Completion 及 Paragraph Improvement。如果考生距離正式應考尚有時間，記得要融會貫通本書每一道模擬題答案分析的理念，才對得起自己購買這本書所花的金錢和閱讀的時間。 在這裏用很短的篇幅重溫一下形容詞順序： Opinion → Size → Physical Quality → Shape → Age → Colour → Origin → Material → Type → Purpose 只有選項 C 的「a wonderful old European watch」完美符合順序（Opinion → Age → Origin），所以是唯一正確答案。

5. Being a small yet open economy, the city should focus on promoting the development of new technology industries ________ .

A strategic and forward-looking
B strategically and forward-looking
C from a strategic and forward-looking perspective
D in a perspective of strategic and forward-looking
E in a strategic and forward-looking perspective

答案	C. from a strategic and forward-looking perspective
答案分析	這一題的中譯為：作為一個細小而開放的經濟體，這個城市必須 _____ 專注推進新興科技產業發展。 快速看一看所有答案選項，可以猜到空格大概是要說「以具策略和前瞻性的視角」來推動發展。選項 A 和 B 的意思雖然符合文意，但沒有正確的介詞來連接句子，所以不選。 餘下三個選項好像差不多，但在書寫英文時，我們通常會說「……from a perspective」，因為 Perspective（視角、觀點）是用來看待事物的方式或框架，通常說法是「從」（From）這個框架或視角來觀察和理解事物，而不會是在這個框架或視角之內（In）作出觀察。換言之，只有選項 C 是最佳答案。

6. The picturesque sea view from the hotel room ________ the rather poor room cleansing services and uncomfortable beds.

A made up for
B made it up
C made it up to
D made out
E made for

答案	A. made up for

答案分析	選項 A 的「made up for」是一個短語動詞，可解作「Provide something good in order to make a bad situation better」（以好東西來彌補一些壞東西），適用於此題的句子內容。 選項 C 的「made it up to」亦是短語動詞，同樣有「彌補」的意思，但之後通常需要跟隨人（即 made it up to somebody），換言之，補償對象要是「人」才適用，顯然不符合此題的前文後理。再看字面上相近的選項 B「make it up」，因為缺少了後綴介詞 To，犯上文法錯誤。 至於選項 D「made out」和 E 的「made for」分別解作「處理；應付」和「導致」，都不符合句子前文後理。 結果只餘選項 A 是唯一適用又沒有錯誤的答案。

7. Despite his ________ the subject, he failed to convey the concepts clearly.

A profundity in
B profundity on
C profundity about
D profundity above
E profundity of

答案	A. profundity in
答案分析	這題主要檢視考生是否了解動詞和介詞的配合。Profundity 的意思是深奧或深度，這裏可知道是用來描述「他」對某個學科（Subject）有深入了解。而在使用這個意思的時候，Profundity 通常會與介詞「in」作搭配，其他選項的 on、about、above、of 都不適宜。 若要表達相同含意，但不用 Profundity 這個字眼，則可寫作「……having a vast knowledge of……」。

8. For over a century, the bank ________ customer relationships built on strength, stability, integrity and service.

A have built up
B has built up
C had built up
D built up
E building up

答案	B. has built up
答案分析	現在完成式（Present Perfect Tense）是用來描述一個從過去開始並持續到現在的動作或情境。例如「I have lived in Hong Kong since 1997.」意思是我從 1997 年起至今一直住在香港。「住在香港」這個動作是發生在很多年前，而直至今天我仍然住在香港。 按常理推斷，題目中這家經營了逾一個世紀的銀行，其與顧客建立關係很可能是一個在可見的未來仍會持續下去的行為，所以應該使用現在完成式，正確答案為選項 B「has built up」。 選項 C、D 和 E 的時態都不恰當；另句子主語是一家銀行，屬第三人稱單數，所以選項 A 使用「have」屬文法錯誤。

9. The Government ________ available to facilitate the participation of parties, witnesses and legal representatives with hearing impairment in court proceedings upon request.

A has all along been making digital wireless hearing aids
B had all along been making digital wireless hearing aids
C had all along been made digital wireless hearing aids
D all along been makes digital wireless hearing aids
E all along been made digital wireless hearing aids

答案	A. has all along been making digital wireless hearing aids
答案分析	這條題目的重點是「all along」，解作「一直以來」。 細讀題目的內容，中譯版本是：「政府 ______，以協助有聽障的訴訟方及其法律代表參與法庭程序。」空格位置的意思則是「一直以來都會提供數碼無線助聽器」。 現在完成進行式（Present Perfect Progressive Tense）涉及由以前到現在一段不明確的時間，某件已經發生的事，而當下仍在持續的動作——顯然，向有需要人士提供有關的協助，會是政府一直以來都在做而且將繼續下去的行動，斷不會在某一日突然表示不再提供服務吧。因此，「has all along been making......」是最合適的答案，而其餘選項都不符合這句子所需的時態。

10. If he ________ harder, he would have passed the exam.

A studies
B studied
C would study
D had studied
E would have studied

答案	D. had studied
答案分析	跟上一題差不多，這又是一條關乎動詞時態文法的題目。 這是一個條件句的例子，表示過去未發生的情況及可能的結果。正確答案是使用過去完成式的「had studied」，因為前提是需要他在過去完成動作，才可達到後一句的結果——如果他過去更努力地學習，之後的考試便會及格（從句子時態可知道他已考了試，結果是不及格）。

11. The antiquated laws of the city are in desperate need of ________.

A being brought up to date
B having brought up to date
C bringing up to date
D being bringing up to date
E having been brought up to date

答案	A. being brought up to date
答案分析	這一題純粹檢視考生能否正確選用合適的英文動詞時態。按照題目的說法，應該使用被動語態（being + verb）的現在分詞式，以表示需要進行的動作。「Being brought up to date」為正確答案，原型是「bring up to date」，表示過時的法律條文需要被更新。 其餘選項的時態都不正確或不合適。選項 B 和 E 的意思都是條文已被更新；選項 C 則是正在更新，顯然跟句子的文意不吻合。而選項 D 的寫法並不符合文法。

12. The philosopher contemplates that life, like the day, ________ have its dawn and dusk, symbolizing beginnings and endings.

A should
B would
C could
D may
E must

答案	E. must
答案分析	Must 是五個選項中唯一一個可用作表達必然性或不可避免的事實，在題目中表達生命「必然」有起始和完結之時，符合文意。 其他選項都含有「應該；可能；可以」等比較不確定的意思，無法匹配文中黎明與黃昏這種必然現象。

13. The chef, who had his training in Sichuan, is as skilled in creating vegetarian dishes ________ he is in preparing traditional Sichuan cuisine.

A as
B so
C and
D like
E than

答案	A. as
答案分析	「as ...... as」是一個比較級的句式結構，用作表示兩者在某方面的程度相同。此題的完整句子為「The chef, who had his training in Sichuan, is as skilled in creating vegetarian dishes as he is in preparing traditional Sichuan cuisine.」意思是「這位在四川受訓的廚師烹調素食和四川菜的手藝相當」，故以選項 A 最合適。 選項 B 和 E 都是語法上不正確。而選項 C 和 D 則文意上不恰當。

14. Given his expertise and years of experience, Dr. TAM is ________ to lead the research team on the new cancer therapy.

A the likely
B the most likely
C most likely
D more likely
E much likely

答案	C. most likely
答案分析	選項 C 的「most likely」是一個很常用於表示「最有可能」的片語。 值得一提的是，選項 B 和 D 亦頗常見於不同的文章當中，惟不匹配此題目的語境。從語法上看，「the most likely」後面需要跟隨一個名詞才能完成句子，例如「the most likely candidate」。至於「more likely」則含有比較的意思，而此題的句子中沒有別的比較對象，所以也不是正確答案。

15. Not only did the new policy fail to bring about the expected changes, but it also ________ additional problems that were not previously anticipated.

A gave in to
B gave on to
C gave out to
D gave up to
E gave rise to

答案	E. gave rise to
答案分析	根據題目文意，這個空格需要一個表達出「引致或造成新問題」之意的選項來完成句子。 選項 A「gave in to」和 D「gave up to」的意思都接近「屈服於」；選項 B「gave on to」不是一個意思明確的詞彙；而選項 C「gave out to」意指「分發；發放」。因此，只有選項 E 是正確答案，符合「引起」的含意。

16. In order to ________ and tap the talents in the industry sector, the recruitment will be open to candidates from all countries.

A trawl in a wider pool of candidates
B trawl for a wider pool of candidates
C trawl from a wider pool of candidates
D trawl from wider pools of candidates
E trawl from candidates

答案	C. trawl from a wider pool of candidates
答案分析	全世界各國都面對人才短缺的問題，相關議題已經是，亦將會是老是常出現的內容。「Trawl for talents」這個說法第一次引起香港媒體大幅度報導是源自 2022 年的《施政報告》，中文版譯為「搶人才」，及後，這個用字於 2023 年《施政報告》又再出現。 Trawl 的名詞是一種捕魚方式，即拖網捕魚，而動詞則指拖曳一個大型漁網在水域中撈捕。Trawl from 解作從特定的地方或區域進行拖網撈捕，例如「They trawl from the northern coast.」解作「他們在北部海岸進行拖網捕魚」。而 Trawl for 解作為了特定目標而進行撈捕，例如「They trawl for cod.」，解作「他們用拖網捕捉鱈魚」。 不過，在一些非漁業的語境中，比如此題的「trawl from a wider pool of candidates」，或再簡化些變成「trawl from talent pool」，都是指從人才庫中作出廣泛搜索，意即招攬業界人才。故選項 C 是正確答案。 就文法而言，選項 A 及 E 的「Trawl in」和「trawl from candidates」都是不符語法規範的寫法。而選項 B 的意思變成「招攬更多人才庫」，顯然有違文意。 至於選項 D 在文法上不算錯誤，可以指「從多個人才庫搶很多人才」，但細閱後半句的內容，「the recruitment」應該是指一個單次的招聘活動，內容上跟多個人才庫未必切合，因此不是最佳答案。

17. ________ the interests of students, the number of schools would be adjusted in a gradual and orderly manner to ensure education quality and optimal use of public resources.

A Top priority accorded to
B Of top priority accorded to
C To top priority accorded at
D With top priority accorded to
E According top priority at

答案	D. With top priority accorded to
答案分析	選項 D 的「With top priority accorded to」這個短語，意思是為了強調某個事物或任務的優先順序。Priority 指優先順序，Accord 是賦予或給予的意思。題目開首寫「With top priority accorded to......」，意在指出「賦予最高優先順序的是......」，強調特定事物（即 Interests of students）的重要性和優先性。 「With top priority accorded to」及「Accord priority to」是政府文章中常出現的用字，考生不妨硬記下來，對於應付 CRE 英文運用測試和將來在政府中撰寫公文都會有幫助。 至於其餘四個選項全都有語法問題，大抵上都是連接詞或介詞的不正確使用。

18. ________ the quality of education, we have been allocating substantial resources to improve the school ecosystem, enhance teaching and learning, and support the development of quality education.

A Attaching great importance at
B Attaching great importance to
C Great importance attached at
D Great importance attached to
E Great importance attaching to

答案	B. Attaching great importance to
答案分析	選項 B 的「Attaching great importance to」與上一題的「With top priority accorded to」在意思上有細微分別，但用法一樣，都是指「非常重視」或「高度重視」，常用於強調對某個特定問題、任務或事物的關注度和重視程度，尤其是在需要採取行動或落實解決問題的情況之下。 留意這亦是另一個常見的政府公文中常用短語，值得記誦。至於其他選項的寫法皆不符合英文語法規範。

19. The Government has been reviewing the development of special education and enhancing various measures for special schools from the perspective of the education profession and ________, so that they can have sufficient resources and manpower to further improve their service quality and render support for students and boarders effectively.

A with due considering the learning needs of students
B with due considering of the learning needs of students
C with due consideration in the learning needs of students
D with due consideration for the learning needs of students
E with due consideration of the learning needs of students

答案	E. with due consideration of the learning needs of students
答案分析	考生有時候遇上字數多的長文題目，第一時間便覺得很困難，但只要靜下心來看，就會發現內容其實十分簡單。「怯，你就輸一世」，考生要贏心態！ 題目譯作中文為：政府一直從教育專業及學生的學習需要出發，持續檢視特殊教育的發展及優化各項措施，讓特殊學校有充足的資源和人手，以進一步提升學校的服務質素，有效地支援學生和宿生。 驟眼看，句子既長又複雜，但其實考生可以將句子的補充資料刪去，只把完整句子必要的成分留下，做法如下： The Government has been reviewing the development of special education ~~and enhancing various measures for special schools from the perspective of the education profession and~~ ________~~, so that they can have sufficient resources and manpower to further improve their service quality and render support for students and boarders effectively.~~

答案分析	如是者就把題目簡化為：The Government has been reviewing the development of special education ________. 題目馬上變得簡單而更容易應對。選項 A、B 及 C 的連接詞或介詞應用都存在錯誤。 至於選項 D 在文法上也不算錯，內容也合乎整體文意，但讀者們還記得選擇答案時，應以結構結構風格合乎整段文字為先嗎？選項 E 較符合此要求，「of the learning needs」也跟前半句的寫法一致，因此成為最合適答案。

20. The philosopher's treatise was ________ as it expounded on themes of existentialism with a perspicacity that was hitherto unrivalled.

A inscrutable
B irreversible
C seminal
D derivative
E negligible

答案	C. seminal

答案分析

顯而易見，這一題的難度在於冷僻深奧的字詞。無論是題目還是答案選項，都是頗不常見的詞彙。這種題型主要是測試考生的詞彙量是否豐富，而非答題技巧，因此只能靠日常多閱讀來積累。

Seminal 可用於描述有深遠影響或開創性的工作。題目的中譯版為：「這位哲學家的論文（Treatise）以前所未有（Hitherto unrivalled）的洞察力（Perspicacity）闡述了存在主義（Existentialism）的主題」，顯示這是一篇具有開創性的論文，因此「seminal」是最佳答案。

至於其他選項，A 的「inscrutable」指不可理解的。如果論文是這樣無法明白，就與「以前所未有的洞察力闡述主題」的語境不相符了。

而選項 B 的「irreversible」解作不可逆轉的。這字眼常被用於科技發展，指人類習慣了新的常態就回不了過去，或者造成了不可逆轉的後果。雖然這條題目所述的是具開創性的研究，但只局限於哲學問題，而句子中亦沒有提及該論文對社會造成甚麼影響，故「irreversible」不是最佳答案。

選項 D 的「derivative」指衍生的、缺乏原創性的東西。如果這樣形容該篇論文，則意味着其內容為模仿自他人的想法，而不是新見解，與題目下半句「with a perspicacity that was hitherto unrivaled」的描述自相矛盾。

選項 E 的「Negligible」解作微不足道或不重要的。若然以此字眼描述，即該篇論文對其研究領域或讀者而言沒有影響力或價值，明顯跟題目的語境相反，故不是正確答案。

21. The diplomat navigated the negotiations with such ________ that the previously warring nations embarked on a path toward peace.

A aplomb
B trepidation
C frivolity
D obstinacy
E objection

答案	A. aplomb
答案分析	跟上一題性質相若，難度在於是否理解不常見詞彙的意思。這題的正確答案是「aplomb」，解作「自信；沉着；泰然自若」，是正面的褒義詞。整句的中譯版本是：外交官自信且冷靜沉着地進行談判，使之前處於交戰狀態的國家走向和平。 餘下選項的「trepidation」指恐懼或不安；「frivolity」指輕浮或缺乏認真；「obstinacy」指固執或頑固；「objection」指反對，全部都屬於消極或負面的含義，與促成和平的整體正面語境不相符。

22. In an economic climate where currency fluctuations are the norm, a sagacious investor must possess an acumen for ________.

A the understanding and manipulation of market forces
B understanding and manipulating of market forces
C understanding and manipulation of market forces
D understand and manipulate market forces
E having understood and manipulated market forces

答案	C. understanding and manipulation of market forces
答案分析	整句的中譯是：在貨幣波動（Currency fluctuations）成為常態的經濟環境下，一位精明的投資者（Sagacious investor）必須擁有理解市場力量和操縱市場力量的能力。 據此而論，在「an acumen for」後放上選項 C 的「understanding and manipulation of market forces」是最合適的說法。 選項 B、D 和 E 都不符合文法規範；而選項 A 的「the」字是多餘的。

23. The ________ of the orchestra's performance was evident, as each note was played with precision and passion, leaving the audience in awe.

A cacophony
B dissonance
C silence
D paucity
E prowess

答案	E. prowess

答案分析	末句的「leaving the audience in awe」描述觀眾對於某種表演或經歷的反應——「awe」指深深的敬畏或驚嘆，應用的場景通常是事主目睹了令人印象極之深刻或難以置信的事物。放在本題中的意思是，表演精彩得令觀眾大感驚嘆，難以用言語表達當下的感受。 選項 E 的「prowess」指特殊的技能或專長，在題目中用作描述管弦樂團所表現的高超技藝。考慮到文中強調了演奏的精準和激情（was played with precision and passion），為觀眾帶來久久不能平復的震撼，所以「prowess」是五個選項中最合適的答案。 其他選項，「cacophony」指刺耳的雜音或不和諧的聲音，「dissonance」指缺乏和諧的組合，「silence」指寂靜，「paucity」指不足或缺少的東西，顯然都不是匹配的答案。

24. All happy families ________ , but each family is unhappy in its own way.

A are alike each others
B are like others
C alike others
D resemble one another
E resemble others

答案	D. resemble one another

答案分析	
	這是俄國文豪托爾斯泰（Leo Tolstoy）在名著《安娜·卡列尼娜》中的名句：「幸福的家庭都是相似的，不幸的家庭各有各的不幸。」 看了那麼多內容跟考生日常生活可能完全無關的題目，真會令人提不起勁。這題引用一下文學金句，即使考生本來不知道語文背後的原理，也可以靠曾經看過的記憶而找到正確答案，增強應試信心。 學習語文——不論英文或中文——都是靠讀寫聽的瘋狂累積來打穩基礎。小時候學習中文，我們會誦讀《唐詩三百首》，所謂不懂作時也會抄。學習英文亦如是，多讀名人金句或經典文案，儘管暫時學不會遣詞造句，但先記下來，說不定今年的測試就出了一模一樣的題目。 當然，撇除知道原句譯法，我們也要能夠選出最佳答案。選項 A、B 及 C 用「like」或「alike」的語氣不符合整句的用字風格。而選項 E 的「resemble others」則未能較明確地傳達出「每個幸福家庭之間的相似性」這層意思。

25. Happiness resides not in possessions, and not in gold, happiness ________ .

A resides the soul
B and soul count
C lives the soul
D dwells in the soul
E counts with the soul

答案	
	D. dwells in the soul

答案分析	這是古希臘哲學家 Democritus 的名句：「快樂不取決於擁有甚麼，或手上的金子，快樂取決於心靈（Happiness dwells in the soul）。」 「reside」「dwell」「live」都有居住的意思，如果要在文法上正確地應用到這一題之中，後面都要連接介詞「in」，所以只有選項 D 屬正確。 值得一提的是，如果把選項 C 套用在句子上，「happiness lives the soul」亦可勉強解釋為「快樂（的生活）活出靈魂」，文法也屬正確，但對應前文內容則不是最佳的選項，因此亦不是最合適的答案。

26. We excuse our sloth ________ difficulty.

A pretexting
B under the pretext of
C out of the pretext of
D in the pretext of
E at the pretext for

答案	B. under the pretext of

答案分析	題目不是愈長愈難，反之，句子亦不是愈短愈容易理解，就像這一題。 答案「under the pretext of」的中文解釋是「以......為藉口」或「在......的幌子下」，用作描述一個人以虛假或不完全真實的理由，作為行動的藉口或掩飾。事實上，這一題典出古羅馬教育家 Quintilian 的名言，中譯版是：「我們常以困難為由，作為懶惰的藉口。」 Under the pretext of 是常用的短句，例如：「He visited her under the pretext of offering help, but he really wanted to see her new apartment.」（他假裝提供幫助，實際上是想參觀她的新公寓。）在這個句子中，「offering help」就是藉口。 值得一提的是，選項 A 的「pretexting」其實也有「以......為藉口」的含義，套用在這題中亦沒有文法錯誤，但「pretexting」更慣常用於藉虛假理由進行欺詐行為，涉及法律上不容許的事情。而「under the pretext of」則較多用於日常私事方面。至於其餘三個選項均不符合句子文意和語法規範。

27. Try not to become a man of success, but rather try to become ________ .

A valuable
B valuating
C valuation
D valuable man
E a man of value

答案	E. a man of value
答案分析	這一題是科學家愛因斯坦（Albert Einstein）的名言：「不要立志做成功的人，而要追求做有價值的人。」 選項 A、B 及 C 單論文法都不是正確答案，毋須多解釋。而選項 D 和 E 確實相似，考生很容易分辨不出最合適的答案。 字面上看，「a man of value」和「valuable man」意思相近，但含義其實有微妙不同。 A man of value 通常用來形容一個人內在擁有某種正面品質，比如誠實、正直、善良等。是對一個人的道德品質或者個性特質的讚揚。 Valuable man 更側重於形容一個人在某種特定環境、場合，或者對某個團體、組織來說很有價值和重要性。是對一個人在配合特定條件和環境下作出貢獻的認可。 在首半句句子中，我們可以看到愛因斯坦對成功、貢獻的不重視，亦沒有在句子中特別提到某環境、場合甚或團體、組織，只是討論人本身所應追求的，可被理解為人的品德，所以「a man of value」是情理上更適合的答案。 考生在測試時務必小心審慎，冷靜仔細思考，就算是小小含義，但失之毫釐，差之千里。每一條題目都會影響考生最終能否及格，以至取得一級或二級的成績啊！

28. An action ________ is an action doomed to failure.

A committed in anger
B committed with anger
C committed and anger
D committed on anger
E angry committed

答案	A. committed in anger
答案分析	這題是成吉思汗名言的英譯版，原句是：出於憤怒的行動，注定會失敗。 這題只是測驗考生對介詞的運用，不算困難，就不多作解釋了。

Chapter 05

Paragraph Improvement 題型解析

Paragraph Improvement 與上一章的 Sentence Completion 有相同理念，都是檢視考生的文字表達能力，分別是後者只須考慮一句句子中的前文後理，但前者要顧及整個段落（多於一句）的文意，加上題目的篇幅較長，字數較多，故 Paragraph Improvement 的難度也較高，更須小心處理。

5.1 英文弱者福音 宜優先處理

根據公務員事務局網頁上的答題指引：「In this section, two draft passages are cited. For each passage, questions are set to test candidates' skills in improving the draft. The focus of the questions is on writing skills, not power of understanding.」Paragraph Improvement 這部分的題型其實跟 Sentence Completion 頗近似，均是**要求考生選取最合適的選項（The best answer）以改善一段文字表達的內容。**換言之，試題所提供的選項同樣有機會出現多於一個合乎語法的正確答案（Correct answers），考生要在其中選擇一個最符合整體文意的合適選項。

而兩部分題目除了試題的篇幅長度有別（Paragraph 很明顯應該比 Sentence 的篇幅更長），Paragraph Improvement 的題目形式為以選項上的文字代替原文，所以考生可以由題目見到原文想表達的意思，再從四個選項中揀出一個可以更好地取締指定文字的選項，不像 Sentence Completion 般，在未知文末原意的情況下選取一組文字填充。

考生在考慮最合適的選項以重新表達 / 述說題目指定的句子時，應確保其含意盡可能與原文相似。以下借用公務員事務局網站上所載的兩條 Paragraph Improvement 例題來做一個示範：

1. Which of the following versions of sentence (8) provides the best link between sentences (7) and (9), reproduced below?

(7) It may be that a few of the products we have described are not available in some countries. (8) But it is possible to place an order via the Internet. (9) They will be dealt with promptly and efficiently.

A Furthermore, it is possible to order via the Internet.

B The Internet can be used in such circumstances.

C Orders can, however, be placed via the Internet.

D Sentence (8) as it is now. No change needed.

答案：C

2. Which of the following is the best revision of sentence (3), reproduced below?

(3) Mistakenly believing that smoking is a sign of maturity those in authority must act today to protect our citizens of tomorrow.

A It is a mistake to believe that smoking is a sign of maturity. Those in authority must act today to protect our citizens of tomorrow.

B It is a mistake to believe that smoking is a sign of maturity, those in authority must act today to protect our citizens of tomorrow.

C Mistaken in their belief that smoking is a sign of maturity those in authority must act today to protect our citizens of tomorrow.

D Those in authority should act today. Our citizens of today are mistakenly believing that smoking is a sign of maturity. They must be protected.

答案：A

在同一份 CRE 英文運用試卷，同樣是一篇文章再設置相應的題目，Paragraph Improvement 又和第一部分的 Comprehension 有何分別呢？

最大、最大、最大的分別是，**Paragraph Improvement 不考大家是否理解文章內容**。換句話說，**考生未必需要明白這篇文章的內容，但又有機會可以作出正確的選擇**，對於英文基礎較弱的考生是一大福音。

鑑於 Paragraph Improvement 題目大多會針對某特定句子或前後兩句的文法、詞意設題，因此考生毋須了解整篇文章的意思 (當然這裏指的是最基本要求，有能力又在時間許可的情況下，都是以閱讀全文後再透過前文後理來作答最佳)，也可以回答大部分的題目。考生亦沒有需要在作答前先花很長時間去閱讀全文，對時間控制較差的考生而言，是比較好處理的部分。

同樣是長文加題目，筆者建議考生先完成 Paragraph Improvement 這部分，再去挑戰較耗時間、花精神的 Comprehension 題目。

5.2 模擬練習及分析

Passage 1

(1) Happiness is indeed as simple as sharing with families and friends fresh and joyful experiences as well as delicious food. (2) Savouring local delicacies when travelling abroad always brings us fond memories. (3) Be happy and stay positive; together, we become stronger.

(4) This year is a year when we have overcome the epidemic and will achieve economic recovery. (5) The fiscal policy adopted has been adjusted to 'moderately loose' for fiscal stability and suitability. (6) However, at the beginning stage of the economy recover, we dare not to let our guard down. (7) We will be proactive in boosting the market's confidence and the public's expectation of economic recovery to the best of our ability, through various initials and activities .

1. Which of the following is the best revision of sentence(2) , reproduced below?

A Savouring local delicacies when travelling abroad always brings us happiness.

B When traveling abroad, tasting local cuisine always brings pleasant memories.

C When traveling abroad, tasting authentic cuisine always brings pleasant memories.

D Tasting regional specialties while journeying often creates cherished recollections.

E Sentence (2) as it is now. No change needed.

答案	E. Sentence (2) as it is now. No change needed.
答案分析	這篇文章相比真正的 CRE 英文運用測試中所出現的試題，文章篇幅是短一點的，希望先讓考生體會一下這部分試題的格式和難易程度。 選項 A 和原句的分別只是句子尾段的「fond memories」換成「happiness」，差別不大。而 A 版本不被視為最合適的原因在於，同一段落中，「happiness」這個字眼已經在 Sentence (1) 中出現過，而變化形的「happy」亦在 Sentence (3) 出現。除非這段文字的題目是「happiness」而句子是為了表達相關的定義或重申解釋，所以要不斷出現同一個詞彙，否則一篇小段落中不停重複同一個單字，會令人覺得沉悶和無意義。如果是在考驗英文能力的情況下，更會給予考官一個考生詞彙量有限的不良形象。在這個情況下，選項 A 顯然不會是最佳答案。 在處理同類型試題時，考生要了解題目所提到的某一特定句子，同時要閱讀其前文後理，才可選出最合適的答案。

選項 B 和 C 不是 The best revision of sentence (2) 的原因有二：

第一，根據 Sentence (1) 和 Sentence (3) 的內容，我們可以猜到這個段落的重點可能是 Happiness 或 Delicious food，但不會是 Travelling abroad。當 B 和 C 重寫的句子將 Travelling aboard 放在句子的開首（這位置通常是句子的重點），而 Tasting cuisine 和 Pleasant memories 並排放在句子後段，沒有輕重之分，就知道這不能更好地表達句子的意思，不是 The best revision。

第二，B 和 C 重寫的句子為分句。的確，當冗長的句子變成分句，可以增強其可讀性（Readability）。但 Sentence (2) 的原句有 11 個字，為英文句子常見的長度，並無必要將之改寫為短句。一篇文章太多短句亦會影響可讀性。因此，這個改動並不足以令這兩個選項成為最合適答案。

誠然，一句內有多少字才算適當長度，並沒有確實定義，亦十分視乎句子含意的複雜程度。考生可多閱讀英文文章以取個中庸。而連續短句通常多用於標語或口號，如本文 Sentence (3) 的「Be happy and stay positive; together, we become stronger」。

而選項 D 跟原句的含意截然不同，更不可能是正確答案。「Savouring local delicacies」被改為「Tasting regional specialties」，儘管意思都是指品嘗當地特色食物，但「specialties」更常用於特定地區獨有的食物，而「delicacies」則泛指任何的美味佳餚（沒有地區的局外性）。此外，原句的「always brings us fond memories」被改寫為「often creates cherished recollections」，發生的頻率由「always」降至「often」，也不是貼近原句意思的改寫。

既然所有選項都不能更好地取替原句，選項 E 的毋須改動自然成為唯一最佳答案。

Passage 2

(1) Structural unemployment arises when economic changes result in a disparity between existing worker skills and job requirements. (2) This form of unemployment is linked to economic shifts that render certain skills obsolete. (3) It is often triggered by technological changes, globalization, or changes in consumers demand. (4) Unlike cyclical unemployment, which is temporary and related to economic cycles, structural unemployment can persist even during periods of economic growth.

(5) One of the primary challenges of structural unemployment is its persistence. (6) As industries evolve, certain skills become obsolete, leaving workers struggling to find employment without retraining or further education. (7) For example, the rise of automation and artificial intelligence has reduced the need for routine manual labor, and workers in these industries must adapt to remain employable. (8) Governments and educational institutions play a crucial role in addressing structural unemployment by ensuring that the workforce is adaptable and equipped with skills relevant to the changing economic landscape.

(9) In conclusion, structural unemployment is a complex issue that requires proactive strategies to alleviate its effects.

(10) Investment in education and training programs that align with the evolving needs of the economy can help workers transition into new roles. (11) Policies that encourage innovation and support for transitioning industries can help economies adapt to structural shifts, ensuring a more resilient and flexible workforce for the future.

2. Which of the sentences contains a wrong use of adjective?

A Sentence (1)
B Sentence (3)
C Sentence (5)
D Sentence (6)
E Sentence (11)

答案	A. Sentence (3)

答案分析

在文章中找出某特定的文法錯誤，亦是 Paragraph Improvement 中時有出現的題目。雖說這部分的題目不考文章內容，只考單獨句子，但這種要求考生找出有文法錯誤的句子的題目，其實暗地裏等同於要求考生讀完近半篇文章，算是較麻煩的試題。

幸運的是，如果第一個選項就是正確答案，考生就可免除讀完其他句子之煩，以節省時間。

此題的正確答案為選項 B，文章原句「It is often triggered by technological changes, globalization, or changes in consumers demand.」中，「consumers demand」涉及誤寫形容詞。

在英文文法中，當一個名詞被用作形容詞時，應該保持單數，即使所指的是複數概念。在這個例子中，Consumer 作為形容詞，用來修飾名詞 Demand，因此應該保持單數形式，即使文中指的是多名消費者。換言之，正確寫法為「consumer demand」。

以名詞作為形容詞是常見的英文寫作手法，亦可以令行文更精煉，以下舉幾個簡單例子供讀者參考：

- Book cover（the cover of a book）
- Water bottle（a bottle designed to hold water）
- Hair salon（a salon that specializes in hair styling）
- Computer lab（a laboratory equipped with computers）
- Basketball court（a court where basketball is played）
- Heart surgery（surgery performed on the heart）

3. Which of the following is the best revision of sentence (2), reproduced below?

A This type of unemployment is associated with economic transitions that make specific skills redundant.

B This category of unemployment is due to changes in the economic environment that result in some skills becoming superfluous.

C This variant of unemployment stems from economic transformations that devalue certain job skills.

D This form of employment is sustained by economic stability that maintains the necessity of specific skills.

E Sentence (2) as it is now. No change needed.

答案	E. Sentence (2) as it is now. No change needed.
答案分析	「Reproduce the best revision of sentence」形式的題目，選項中通常會有選項 E 的「Sentence as it is now. No change needed.」出現這個選項通常涉及兩種原因：第一，在本部分的模擬練習的第一題就有解釋，是「不能更好地取替原句」；第二，是因為改寫的句子未能表達跟原文相同的意思，故不應被採納。 以此題為例，Sentence (2) 的句子可分為前後兩部分，首部分為「This form of unemployment is linked to economic shifts」，第二部分為「economic shifts render certain skills obsolete」，選項 A、B 和 C 均能成功表達第二部分的句子意思。 但細心一看，選項 A 的「economic transitions」、B 的「changes in economic environment」和 C 的「economic transformations」，皆與原句的「economic shifts」有含意上的分別。

Economic shifts 中文翻譯為經濟轉移，側重於經濟活動重心的改變，比如重點發展的行業由製造業轉向服務業，或者像文中所提及，依賴 Routine manual labor 的行業轉移為 Automation and artificial intelligence 的行業。這種重心轉移可能是漸進的，也可能是迅速的——而且是單一的轉移。

而 Economic transitions 指的是經濟型態的轉變，比如由市場經濟轉為計劃經濟；Changes in economic environment 則指經濟環境的轉變，可以包括但不限於政治、法規或文中的科技環境；Economic transformations 指經濟結構的改變，是較長遠的經濟變化。綜合看來，上述三者都是相對更全面性的經濟轉變，跟原句的 Economic shifts 層次不同，故不算是全面保留句子原意。

當然，CRE 英文運用測試不是考經濟，正常試卷很少會對考生作出如此專業的用字檢定，而筆者以上的分析只供參考，考生沒有必要背下這四組用字的含意分別。但考生在測試中的確有機會遇到這種看似相同，但字眼含意實則有細微分別的選項。筆者舉出這一題的目標是讓考生知道有可能會出現這種難度及類別的題型，絕不容輕視。

至於選項 D 就更不值一提了，以 Employment 來取代原句的 Unemployment，是完全胡混的選項。假如考生試做本題時不慎選錯了 D，或許反映精神不夠集中，倒不如先休息一下，明天再繼續溫習更實際。

4. In sentence (9), which of the following could be inserted between 'proactive' and 'strategies' without changing the meaning of the sentence?

A litigation
B mitigation
C meditation
D navigation
E obligation

答案	B. mitigation
答案分析	Sentence (9)「In conclusion, structural unemployment is a complex issue that requires proactive strategies to alleviate its effects.」全句表示，「總之，要採取積極主動的措施（Proactive strategies）來減輕結構性失業（Structural unemployment）的影響。」 選項 B 的「mitigation」有「減少；減緩」的意思，放在「proactive strategies」二字之間，就變成「積極主動的緩減措施」，跟句子本來內容相符，也不影響原句想表達的內容，是最佳答案。 至於其他 A、C 及 E 選項，只要查查字典了解其字義，即可肯定不符合文本原意。 而選項 D 的「navigation」（導引；導航）在文法上而言亦不算是錯誤，惟「navigation measures」可以理解為一系列用來指導我們處理複雜問題的措施。因此，「navigation」不能完全符合原句的語境，反為句子帶來了新的含意——推出更具方向性的措施。儘管在文意上更宏觀，卻改變了原句的意思，故屬於錯誤選項。 考生要注意，**Paragraph Improvement 的題目不是考創意寫作，而是測試考生在貼近文章原意的情況下，改善文章的表達（而非變更內容含意）**。情況一如設計師的工作是接受命令，創作符合客戶要求的東西；而非自由發揮自認為最漂亮的藝術品。這亦是考生在其他公務員考試中要留意的，這可能會局限了自己的發揮，但仍然要緊緊遵守題目要求。

5. Which of the following is the best phrase to be inserted in the beginning of sentence (11)?

A Additionally,
B Last but not the least,
C To summarise,
D However,
E Nevertheless,

答案	A. Additionally,
答案分析	這題有一個小陷阱，由於 Sentence (11) 為文章最後一句，因心急而大意的考生可能會直接從常見的文章總結用字，即選項 B 及 C 的「last but not the least」和「To summarise」中二擇其一，就大錯特錯了。 從寫作技巧而言，在這一段的首句，作者已經用了「In conclusion」為文章作結，而一個段落中極少會出現兩次總結語。 作答策略是先了解文意。Sentence (10) 表達的是如何從教育上改善 Structural unemployment，而 Sentence (11) 是描寫政府的政策如何成為另一個改善 Structural unemployment 的方法——另一個，即是跟選項 B 和 C 無關，亦不適用於選項 D 及 E 那種帶有「相反」含意的短語。 使用排除法，便可得知僅有選項 A 為正確答案。

Passage 3

(1) 'The Little Prince' written by Antoine de Saint-Exupéry, is a tale that transports readers to the world of imagination and introspection. (2) This story, though often categorized as a children's book, weaves profound truths about life and human nature. (3) The protagonist, a young prince from a small planet, sets out on a journey to explore the universe and ends up on Earth.

(4) During his travels, the little prince encounters various characters such as a king, a businessman, and a lamplighter, each absorbed in their own narrow views of the world. (5) Through these encounters, the prince learns about the oddities of adult behavior, challenging him to ponder what truly matters in life. (6) The simplicity of the narrative contrasts with the depth of its message, engaging readers young and old.

(7) The heart of the story lies in the prince's relationship with a rose, whom he loves dearly, and his friendship with a fox, who teaches him the secret that 'It is only with the heart that one can see rightly; what is essential is invisible to the eye.' (8) As the prince shares his tale with a stranded aviator in the desert, the story emphasizes the importance of love, friendship, and the invisible bonds that connect us all. (9) 'The Little Prince' remain a timeless classic, encouraging us to look beyond the surface and find the beauty in our relationships.

6. Which of the following is the best revision of sentence (4), reproduced below?

A On his journey, the little prince meets a king, a businessman, and a lamplighter, all fixated on their limited worldviews.

B In the course of his wide-ranging travels, the little prince happens upon a diverse assortment of individuals including a king, a businessman, and a diligent lamplighter, with each character being deeply engrossed in their own singular and rather constricted perceptions of the vast world around them.

C Throughout his voyages, the little prince, who hails from the diminutive asteroid known as B-612, comes into contact with a variety of unique personages, such as a sovereign, a mercantilist, and a custodian of lights, each ensnared by their own myopic perspectives of the cosmos's expanse.

D On his journey, the little prince found out that the world is much larger than his origin planet, i.e. B-612.

E Sentence (4) as it is now. No change needed.

答案	A. On his journey, the little prince meets a king, a businessman, and a lamplighter, all fixated on their limited worldviews.

答案分析	在比較原句和五個選項後，選定 A 為更佳的改寫。理由如下： 首先，選項 A 的句子是最簡潔的，以「meets」取代「encounters various characters such as」。簡潔的句子往往可以令讀者更易閱讀和理解。 此外，原句的「each absorbed in their own narrow views of the world」表達上既重複（each 之後又有 their own）又冗長（如 narrow views of world），改寫後為「all fixated on their limited worldviews」，大幅減少使用形容詞和同意詞彙。再加上 A 句子在不影響原意的情況下，讀起來更流暢，故是正確答案。 至於選項 B 及 C，字數由原句的 28 字，改寫後大增至 46 字，驟眼看已覺得冗贅欠簡潔；而選項 C 還加插了額外資訊「who hails from the diminutive asteroid known as B–612」，雖然是正確事實，但考生務必要緊記自己在進行 CRE 英文運用測試而非考常識。 而選項 D 也有相同問題，讀者並不能從原文得知「the little prince found out that the world is much larger than his origin planet」，加入額外資料後必然超出（而非保持）原句意思，自然不可能是答案之選。

7. Which of the following sentences could be inserted between sentences (5) and (6), provides the best link?

A Despite the prince's young age, he often exhibits a wisdom that surpasses his years, a contrast to the grown-ups he meets.

B His realizations about the peculiar nature of grown-ups' preoccupations serve as a bridge between his adventures and the profound insights they offer to those who delve into the tale.

C The prince's journey is filled with whimsical elements that sometimes overshadow the underlying themes of the story.

D Throughout his travels, the prince also encounters landscapes and scenery as diverse as the characters he meets.

E On his journey, the prince met different people in different places.

答案	B. His realizations about the peculiar nature of grown-ups' preoccupations serve as a bridge between his adventures and the profound insights they offer to those who delve into the tale.
答案分析	第一步是速覽 Sentence（5）和 Sentence（6）的大略文意，前一句是交代小王子了解到成年人的行為奇怪之處，從而反思生活；後一句則形容《小王子》的故事簡單卻意味深遠，因此老少咸宜。換言之，這題的答案必須連接「小王子經歷」與「故事具深度」這兩個意思。 選項 A 的句子強調小王子的智慧超越年齡，而非強調小王子的經歷與故事深度之間的聯繫，不切合前文後句。 選項 B 的句子提到小王子的經歷和思考，對該故事讀者帶來影響。這句明顯使文章更具有連貫性，幫助讀者理解從小王子的經歷中所得到的啟示。顯然是正確答案，但仍要看看其餘選項才知是否最合適選項。 選項 C、D 和 E 都是事實上正確（Factually correct）的內容，描述了小王子在旅程上的見聞，卻不是文章重點，而且未能為前後兩句提供連接（Linking）的作用。因此只有選項 B 正確。

8. Which of the sentences lacks a comma in it?

A Sentence (1)
B Sentence (3)
C Sentence (4)
D Sentence (6)
E Sentence (7)

答案	A. Sentence (1)
答案分析	驟眼看這題最少要閱讀五個句子，看看哪句缺少了逗號，算是比較花時間的題目。但其實建議逐句看，如很早便找到適切答案，就能省下時間。 先看 Sentence (1)，當提到一個英文書名，並緊接着交代作者時，書名後面通常會用上逗號，顯示緊隨書名之後的是補充說明，用作提供額外資訊，並非主句子的必要成分。 而這一句中，在「'The Little Prince'」和「written by Antoine de Saint-Exupéry,」之間補回逗號，用作分開書名和作者，可以顯示出作者資訊是對書名的補充說明，而「, written by Antoine de Saint-Exupéry,」是一個非限制性定語從句，即使被刪去亦不影響句子完整性。 既然 Sentence (1) 已合適，那麼其餘四個選項大可不看，如有時間覆卷才再檢視其餘四句是否比選項 A 更需要補回逗號。

9. Which of the sentences contains a language error?

A Sentence (4)
B Sentence (6)
C Sentence (7)
D Sentence (8)
E Sentence (9)

答案	E. Sentence (9)
答案分析	在 Sentence (9) 中，「'The Little Prince'」是單數，後面的動詞應該用「remains」而非「remain」，是很簡單的文法錯誤。 這一題的設計理念在於把含有 Language error 的句子，放在最後一個選項；而各選項都是字數多、篇幅長的複句（這五句已等於文章接近四分之三的篇幅了），故考生必須花較多時間閱讀，既拖慢考生的作答時間，又以複雜的句型擾亂考生的信心。但只要有事先了解和足夠的操卷練習，當能保持冷靜沉着應對。

10. Which of the following best concludes the passage?

A The fox teaches the little prince that the time he has devoted to his rose makes his rose so important.

B The friendship between the little prince and the fox reveals the lesson that the most important things—like love and friendship—are not seen with the eyes, but felt with the heart.

C 'The Little Prince' is a profound exploration of innocence and wisdom, teaching us that life's greatest lessons are often hidden in plain sight, wrapped in the simplicity of a child's perspective.

D The fox introduces the concept of "taming," explaining that to establish a meaningful relationship, one must invest time and emotions.

E The travel journey of 'the Little Prince'.

答案	C. 'The Little Prince' is a profound exploration of innocence and wisdom, teaching us that life's greatest lessons are often hidden in plain sight, wrapped in the simplicity of a child's perspective.
答案分析	既然要為文章作結，不妨先看最後一段的首句，Sentence (7) 表明「《小王子》故事核心在於小王子與其深愛的玫瑰的關係，以及他跟狐狸的友誼，狐狸教懂他：『只有用心靈才能正確看到事物，真正重要的東西是看不見的。』」而這恰恰跟選項 C「愛與友情等人生最重要之物，不是用眼看，而是用心靈來感受」的含意匹配，是合適的答案。 再看其他選項，A 強調的「時間」和 B 強調的「友情」都只是「the most important thing」的例子之一，不足以成為全文結語。選項 D 以狐狸角度出發，更加不是這篇文章的重點。 至於選項 E 既短，又只是一個事實陳述，顯然並非 Conclusion，更似文章題目。 事實上，這一題有點像 Comprehension 部分會出現的題目，要求考生選出可概括文章意思的句子。但考生細看各選項或答案分析，就會明白 Paragraph Improvement 題目要求考生對了解文章的深度，較 Comprehension 所要求的為低。

Passage 4

(1) Park is a prominent South Korean actor whose performances have captured the attention of audiences both domestically and internationally. (2) Born on December 16, 1988, in Seoul, South Korea, he first gained recognition for his roles in television dramas. (3) With his charming looks and versatile acting skills, Park quickly became a household name in the world of Korean entertainment.

(4) Park's breakthrough came with his role in the hit television series "Kill Me, Heal Me", followed by a leading part in "She Was Pretty", which solidified his status. (5) His ability to portray a variety of characters with depth and sincerity has won him several awards and a dedicated fan base. (6) Park has also made his mark in feature films, further showcasing his range as an actor.

(7) In addition to his acting career, Park Seo-joon is known for his philanthropy and dedication to various social causes. (8) His influence extends beyond the screen as he uses his platform to make a positive impact in society. (9) As an influential cultural figure, Park serves as a role model to many, proving that hard work and compassion can go hand on hand with success.

11. Which of the sentences should explain 'Park' stands for 'Park Seo-joon'?

A Sentence (1)
B Sentence (2)
C Sentence (3)
D Sentence (4)
E Sentence (7)

答案	A. Sentence (1)
答案分析	一如既往，EO Classroom 出品的公務員考試叢書及筆記，除了為大家提供專業應考訓練，還有一個小小的最終目標，就是幫助大家建立自主學習的動力和能力，以應付人生漫漫長路的其他測驗、考試。希望有讀者是本題文章所述南韓藝人朴敘俊（Park Seo-joon）的粉絲，看到這裏可以有一點小小的喜悅和喘息時間。 當然，不論讀者是否他的粉絲，都應該盡力做好這份 Paragraph Improvement 模擬題，或從文字中更認識朴敘俊。 言歸正傳，這是一條超簡單的熱身題。正常當文章要就寫作對象使用簡稱時，都應該在第一次提及時就解釋簡稱所代表的內容。否則，不認識朴敘俊的人就要到本文的 Sentence (7) 才知道本文一直在寫的「Park」是誰，大概早已棄讀了，因此答案只能是 Sentence (1)。

12. Which of the following is the best phrase to be inserted in the end of sentence（3）?

A as a leading man
B as a top-tier actor
C of high distinction
D of a high distinction
E Sentence（3）as it is now. No change needed.

答案	B. as a top–tier actor
答案分析	選項 A、C 和 D 在文法上皆為正確，但 A「as a leading man」的用法未能如 B「as a top–tier actor」般，直接指出朴敘俊的地位是在「演藝範疇」。 而選項 C 和 D 都有同樣的不足（寫得太含糊，未點明「演藝範疇」），而且使用「status + of + phrases」的寫法，屬於比較不常見的英文用法，故不應採納。

13. Which of the following is the best revision of sentence（5）, reproduced below?

A His remarkable capacity to represent an array of diverse and complex characters with profound depth and genuine sincerity has not only garnered him multiple prestigious awards but also cultivated a committed and passionate fan base that loyally follows his career.
B His ability to portray a variety of characters with depth and sincerity has won him several awards, including the prestigious Baeksang Arts Award, and a dedicated fan base that spans across the globe.

C His killful depiction of characters ranging from a comedic role in "Hwarang" to a more serious part in "Itaewon Class", all performed with depth and sincerity, has earned him critical acclaim, a collection of acting awards, and a dedicated international fan base.

D His masterful character portrayals, marked by layered depth and authentic sincerity, have not only earned him multiple awards but have also cultivated a devoted fan base.

E The talent he possesses in depicting a wide range of distinct personalities, infusing each with considerable depth and heartfelt truthfulness, has led to his receipt of numerous accolades and the development of an earnest and steadfast group of admirers.

答案	D. His masterful character portrayals, marked by layered depth and authentic sincerity, have not only earned him multiple awards but have also cultivated a devoted fan base.
答案分析	在這裏重申一次，「revision of sentence」講究的是重寫後必須盡量貼合原句文意，亦即是不應該增減原文的內容和意思。把這個原則記在心中後，我們再檢視此題的各個選項： 選項 B 和 C 都含有比原句為多的資訊 —— B 的「Baeksang Arts Award」和 C 的「a comedic role in "Hwarang" to a more serious part in "Itaewon Class"」—— 雖然這些都是朴敘俊粉絲的常識，但考生務必記着，重寫類的試題不是考常識，而是考 Writing skills，所以考生在面對同類題目時，除了要多加注意各選項有沒有多餘資訊，也要仔細核對有沒有遺漏了原句的內容，不多也不少才有可能是正確答案。

答案分析

至於選項 A、D 和 E，都做到了重寫句子而內容沒有增減（原句主要講述朴敘俊以優秀演技詮釋不同角色，贏來多個獎項和忠實粉絲）。其中又以 D 為最合適的答案——運用的詞彙更有效地表達朴敘俊的演技深度，如「masterful」強調他在表演上的高超技巧，「layered depth」表達他飾演角色的複雜性和豐富性；「cultivated a devoted fan base」一語甚至比原句所用的「won a dedicated fan base」更符合正常文法及更專業，十分適用於表示外界對朴敘俊的認可和他在演藝界的地位獲肯定。

解釋至此，考生應該會同意 D 是最佳答案。若讀者是朴敘俊的粉絲，希望你們同時學會如何透過文字向別人分享偶像的好。

14. Which of the sentences contains a language error?

A　Sentence (5)
B　Sentence (6)
C　Sentence (7)
D　Sentence (8)
E　Sentence (9)

答案

E.

Sentence (9)

答案分析

Sentence (9) 中「hand on hand」是錯誤的寫法，正確的用語是「hand in hand」，字面意思是手拖手，意指密切聯繫或共同合作，以描述兩件事情（即句子中的「hard work and compassion」）配合，達到相得益彰的效果。

15. Which of the following is the best phrase to be inserted in the beginning of sentence（6）?

A Beyond,
B Beyond television,
C In addition,
D In addition to the above,
E Moreover,

答案	B. Beyond television,
答案分析	攻略此題的方法依然是先快速閱讀 Sentence（5）和 Sentence（6），歸納前後兩句話的大概意思。 其次可先排除選項 A，因「Beyond」一字這樣單獨使用不符合文法。而選項 B、C、D 和 E 在文法上皆無錯誤，但 B 的「Beyond television」可以更有效地承上（講述朴敘俊在拍攝電視劇的傑出表現）啟下（介紹朴敘俊在電視劇集以外的表現），放在前句之後以幫助讀者建立對下句的期望，繼而介紹朴敘俊在電影方面的成就。 相比起「In addition」或「Moreover」這種沒有靈魂的連接詞，「Beyond television」不僅更合適，也令文章顯得更具層次。

Passage 5

(1) The Myers-Briggs Type Indicator (MBTI) is a tool that categorizes people into sixteen personality types. (2) Based on the theories of Carl Jung, the MBTI assesses individual preferences in how they perceive the world and make decisions. (3) Students may find it intriguing to learn that their personality can be described along four distinct dimensions. (4) These are Introversion/Extraversion, Sensing/Intuition, Thinking/Feeling, and Judging/Perceiving.

(5) Each dimension represents a spectrum and where one falls on that spectrum can significantly shape how they interact with others and perceive their environment. (6) For instance, those who lean towards Introversion may prefer quiet reflection, while Extraverts gain energy from social interactions. (7) Understanding these preferences can foster self-awareness and empathy among students, as they begin to recognize and value the diverse personalities around them.

(8) For teachers, knowledge of MBTI can be applied to enhance students' learning experiences. (9) Teachers might tailor their teaching methods to accommodate various learning preferences, such as group activities for Extraverts or isolated tasks for Introverts. (10) By embracing the diversity of personality types, educators can create a more inclusive

and effective learning environment. (11) Consequently, this appreciation for varied personality types not only enhances the classroom dynamics but also extends into the students' interpersonal skills. (12) Students can use this understanding to improve their communication skills and teamwork, recognizing that each person brings unique strengths to the table.

16. Which of the following is the best version to combine sentence (3) and (4), reproduced below?

A Students may find it intriguing to learn that their personality can be described using four dimensions: Introversion/Extraversion, Sensing/Intuition, Thinking/Feeling, and Judging/Perceiving.

B Students may discover with great interest that the characterization of their own unique personalities can actually be captured and distilled into four broad yet distinct dimensions, namely Introversion/Extraversion, Sensing/Intuition, Thinking/Feeling, and Judging/Perceiving.

C It's quite an interesting thing for students to learn about the MBTI, which delineates individual personalities through a quartet of dimensions that are comprised of Introversion/Extraversion, Sensing/Intuition, Thinking/Feeling, and Judging/Perceiving, representing the different ways people can be categorized.

D Students might be captivated by the idea that the MBTI framework captures their personalities in four key areas: Introversion/Extraversion, Sensing/Intuition, Thinking/Feeling, and Judging/Perceiving, each reflecting a part of how they engage with the world.

E Sentence (3) and (4) as they are now. No change needed.

答案	A. Students may find it intriguing to learn that their personality can be described using four dimensions: Introversion/Extraversion, Sensing/Intuition, Thinking/Feeling, and Judging/Perceiving.
答案分析	選項 A、B 和 C 都能夠把 Sentence（3）and（4）的文意毫無變更地重新組合成句，三者最明顯的分別就是 B 和 C 在表達上較冗贅而不簡潔，因此字數特別多。筆者分享一下回答這題的思路： B 的重寫句子中使用了更多的詞彙描述同一件事情，如「characterization」「personalities」「captured and distilled」「namely」，令句子變得更長，卻沒有增加更多有用資訊，屬於不必要。當然，有時運用適當的詞彙可以達到修飾句子的作用，但這一題的要求是將兩句合併為一，原本的內容和長度已經十分充實，再放入更多冗贅的形容字眼只會令句子變得冗贅，影響讀者閱讀和理解的速度。 C 的重寫句子雖然沒有使用過多冗餘的連接詞，但結構更複雜，包含了多個從句和介詞短語，如「through a quartet of dimensions that are comprised of」，這是合併句子時應該避免的。 而 D 的重寫句子中用「captivated」（吸引；使着迷）取代「described」，兩個詞語的意思截然不同，使重組後的句子跟原句文意大有分別，肯定不是正確選項。 除了單純地重寫一句特定句子，像本題的 Combination of sentences 亦是 Paragraph Improvement 這部分頗常出現的題型。考生在處理這類題目時要留意，假如原文的兩句句子已經是複雜的長句，多數會提供「Sentence as it is now. No change needed.」的選項！不必猶豫，這個選項有時的確合用，因重組合併後的句子未必一定是最佳選擇。

17. Which of the sentences contains a language error?

A Sentence (5)
B Sentence (6)
C Sentence (7)
D Sentence (9)
E Sentence (10)

答案	D. Sentence (9)
答案分析	Sentence (9) 的語言問題在於錯誤用字 (Wrong use of vocabulary)，這算是較有挑戰性的題目。因為不是有語法理論可援的文法錯誤，也是香港考生在學時相對少受訓練的項目。 這句的錯誤用字為「isolated tasks」——「isolated」意指孤立無援的狀況，屬於負面用字，在句子中用來形容針對內向學生的個體活動。然而，文章在談教育的背景下，不應該用負面字眼來分辨不同類型的學生，這會令讀者誤解，錯以為內向學生有較負面的傾向。 在現實中，學校多數會用中性字眼如「individual」或「independent」描述學生的個人活動，它們都不是負面用字，單純用來強調學生獨立完成任務的能力，常見而合理的表達方式有「individual tasks」「individual projects」「independent tasks」或「independent projects」等。 **考生在應付 Paragraph Improvement 題目時，不要以為所有錯誤都必然涉及文法問題，有時應該從句子意義乃至文章整體背景分析用字合適與否。**

18. Which of the following is the best revision of sentence (7), reproduced below?

A Understanding these preferences can enforce conformity and uniformity among students, as they start to minimize and overlook the diverse personalities around them.

B Realizing these preferences can initiate self-centeredness and detachment in scholars, leading them to ignore and undervalue the varying personalities they are exposed to.

C Interpreting these preferences can accelerate competitiveness and envy among learners, as they struggle to adapt to and outperform the diverse personalities they encounter.

D Acknowledging these preferences can lead to self-doubt and isolation among students, as they become overly aware of and sensitive to the different personalities in their environment.

E Sentence (7) as it is now. No change needed.

答案	E. Sentence (7) as it is now. No change needed.
答案分析	這題的 A、B、C 及 D 四個選項都不是正確答案。 A 的重寫句子錯誤地暗示了，理解偏好（Understanding these preferences）會導致學生之間的統一（Conformity and uniformity）和服從（Minimize and overlook the personalities），有違原句的意思。 B 選項則使用了「self-centeredness」（自我中心）這個驟眼看與原句「self-awareness」（自我意識）形態相似，但含意截然不同的詞彙，結果跟原句的正面含意相悖。

答案分析	
	C 的句子提出這種理解會增加學生之間的競爭和互相嫉妒（Competitiveness and envy），這說法也跟原句的文意相反。 D 版本則使用了自我懷疑和孤立（Self-doubt and isolation）的負面字眼，都不符合原句意思。 姑勿論以上四個選項的表達方式有沒有比原句更好，但含意已經跟原句有根本上的不同，因此選項 E 的維持原句不變是更合適的答案。 這是相對簡單的題目，因為只是測試考生的詞彙量，考生作答時只要打起十二分精神，相信必定可以選出最合適的答案。平日訓練時，則宜針對加強搜索和閱讀關鍵字詞的速度。

19. Which of the sentences lacks a comma in it?

A Sentence (3)
B Sentence (5)
C Sentence (9)
D Sentence (10)
E Sentence (11)

答案	B. Sentence (5)

答案分析	Sentence（5）中存在分隔並列的子句——「Each dimension represents a spectrum」和「where one falls on that spectrum can significantly shape how they interact with others and perceive their environment」。這兩個子句各表示獨立的完整思想，構成並列的關係。 在英語中，並列子句可以由並列連接詞（如 and、or 等）來接駁，也可以用逗號分隔兩個子句，使讀者在視覺上更容易閱讀和理解。 或許有讀者會質疑，選項 E 的 Sentence（11）中是否應該在「but also」前加上逗號？請留意，「not only…but also…」的句式雖然可在「but」前放置逗號，但只適用於兩組內容各為獨立子句；惟原句中的情況並非完整子句，因此不宜加逗號。

20. Which of the following versions of sentence（11）provides the best link between sentences（10）and（12）, reproduced below?

A Educators can do their job and students get better at talking and working together.

B So, having a variety of personalities is something that can make classes and talking and working in groups better.

C The classroom becomes a nicer place for everyone, and this somehow helps students with their social skills.

D With many types of personalities, the classroom is different and students might develop better conversations and ways to work with others.

E Sentence（11）as it is now. No change needed.

答案	E. Sentence（11）as it is now. No change needed.
答案分析	在一篇完整的文章中，Linking sentence 能幫助讀者理解文章不同部分之間的邏輯關係。在這篇文章中，Sentence (10) 提到教育者通過擁抱性格類型的多樣性，能創造出更包容和有效的學習環境；Sentence（12）則討論學生如何利用對於性格多樣性的理解，提升溝通技巧和團隊合作能力。 Sentence（11）正正成為前後兩句的橋樑，表達其中的因果關係——因為教育者的包容，學生更理解他人，所以可以擁有更有效的溝通技巧。如果缺少了 Sentence（11），由學習環境過渡至學生提升溝通技巧之間，文意跳躍得較突兀（當然，若這篇文章沒有了 Sentence（11），亦不會令文章失去意義）；而 Sentence（11）可以使文章的閱讀流程更加順暢，觀點也更加連貫。 先分析 Sentence（11）在暢順連接前文後理（Providing the best link）方面的作用，考生會更容易理解為甚麼選項 A、B、C 和 D 都不是最合適的答案： i. A 選項過於口語化和簡單，沒有清晰地表達出 Sentence（10）and（12）之間的邏輯聯繫。「do their job」和「get better at talking and working together」的表述都過於籠統含糊，未能傳達出原句中包容度和效率提升的具體含義，文字風格亦跟原文不符。 ii. 選項 B 和 C 句中所使用的「something that can make」和「a nicer place; somehow helps」等短句，表達意思模糊，降低了原句的明確性和說服力，文字風格上亦跟原文不符。

iii. D 選項中用的「might」是不肯定語氣，削弱了原句表達上較肯定的因果關係；「different」是中性用詞，亦失去了原文表達的鼓勵性的肯定（如 Enhances; Extends）。

iv. 結論：原句維持不變才是最好的。

檢視考生對於 Linking sentence 的應用，亦見於公務員事務局官方網站上兩條例題的其中之一，筆者在此多用一些篇幅講解。此外，除了用來表達因果關係（Causal relationship），Linking sentence 亦有機會在以下的情境中出現：

- **連接句子**：幫助連接文章中的不同部分的句子，使文章的結構更加清晰和連貫，以確保讀者可以順暢地從一個部分過渡到下一個部分，而不感到轉折突兀。
- **引導讀者**：預告下一部分的內容，引導讀者理解文章的主線佈局，調整讀者對文章的期望，以便跟文章想表達的內容一致。
- **強調關鍵**：強調前文所提到的重點，又或者預早讓讀者準備接收後文的關鍵資訊，為文章中的重點做鋪墊。
- **表明時間或順序**：在敘述事件或步驟時，用作指示時間順序或邏輯順序（如本題的因果關係），助讀者理解事情發展的歷程序列。
- **顯示對比**：當文章需要表達不同的，甚或對立的觀點時，Linking sentence 可用作引入對比，令讀者更輕易地看到各觀點之間的差異。

特地花篇幅引述以上各個語文概念，是希望提供多一點背景知識，以幫助考生更有信心地應對 CRE 英文運用測試的題目，同時在提升英語水平方面有所得益。

Chapter 06

CRE 英文運用測試模擬考卷

閱畢前面各章節後，相信讀者們都已經對 CRE 英文運用測試的題型有一定的理解，倘若有遵照筆者的建議，先自行為各章的模擬試題填答案，才再看解題分析，那麼考生應該能明白自己有哪些弱項必須惡補。本章將會提供三份英文運用測試的模擬考卷，大家宜藉此測試能否在限時 45 分鐘內完成各張試卷的 40 條題目。

6.1 模擬考卷一

Comprehension

This section aims to test candidates' ability to comprehend a written text. A prose passage of non-technical background is cited. Candidates are required to exercise skills in deciding on the gist, identifying main points, drawing inferences, distinguishing facts from opinion, interpreting figurative language, etc.

In recent years, period poverty has emerged as a critical issue affecting millions of girls worldwide. Period poverty refers to the struggle many face in affording sanitary products due to financial constraints, with a significant impact on their hygiene, health, and well-being. According to a report by UNESCO, approximately 131 million schoolgirls globally are missing school because of the inability to manage their menstruation adequately.

The consequences of period poverty extend beyond health concerns. The lack of access to sanitary products often forces individuals to use unsafe materials like rags, newspaper, or even leaves, which can lead to severe infections. Furthermore, the stigma and embarrassment surrounding menstruation deteriorate the issue, making it a silent challenge. A study by Plan International indicated that 1 in 4 women felt unable to discuss their menstrual health due to shame and stigma.

Efforts to combat period poverty are growing, with various organizations stepping in to provide free or low-cost sanitary products. Governments are also taking action; for example, Scotland became the first country to make sanitary products freely available to all who need them. Despite these efforts, the battle against period poverty is far from over. As of 2022, over 500 million individuals still lack proper access to menstrual products and facilities.

Period poverty is not just about affordability; it's a complex web of cultural, economic, and health-related issues. Education plays a vital role in **breaking this cycle**. By raising awareness and promoting open discussions, we can tackle the misconceptions and stigmas associated with menstruation and strive for a future where period poverty is eradicated.

1. What does period poverty primarily refer to?

A The struggle to manage menstruation due to financial constraints.
B The stigma and embarrassment surrounding menstruation.
C The menstrual health issue due to shame and stigma.
D The worldwide problem which covers 1 in 4 women in the world.
E A complex web of cultural, economic, and health-related issues.

2. What health issues will be resulted from period poverty?

A Emotional problems
B Severe infections
C Chronic diseases
D Isolations
E All of the above

3. How many schoolgirls are missing schools due to period poverty globally, according to UNESCO?

A Over 100 million
B Nearly 131 million
C Over 131 million
D Around 131 million
E Approximately 150 million

4. Which of the following factors aggravate the problem of period poverty, according to the passage?

A Lacking government support
B Low public awareness
C Educational disparities
D Gender inequality
E Stigma and embarrassment about menstruation

5. Which country had taken a notable step towards addressing period poverty?

A America
B China
C India
D Scotland
E United Kingdom

6. What is a significant barrier in the fight against period poverty?

A The scarcity of sanitary products
B The absence of educational resources
C The ongoing cultural stigmas
D The unavailability of clean water
E The gender inequality

7. What is the role of education in combating period poverty?

A To increase the income level of the affected groups so that they could afford the sanitary products.
B To teach the basic hygiene to the girls.
C To instruct the use of sanitary products.
D To teach the parents on the use of sanitary products.
E To alleviate the stigma associated with menstruation through awareness.

8. What does 'breaking this cycle' in the last paragraph mean?

A Making sanitary products freely available to all who need them over the world.

B Changing the government cabinet to ensure improving policies towards the issue.

C Overcoming the ongoing issue of cultural stigma and period poverty.

D Changing the public's views towards menstruation.

E Ending the monthly occurrence of menstruation.

9. Which of the following methods is NOT mentioned in the passage in addressing period poverty?

A Providing free sanitary products.

B Providing education.

C Encouraging cultural diversity.

D Enacting government legislation.

E Promoting open discussions.

10. What is the author's attitude towards period poverty?

A Biased

B Concerned

C Disdained

D Dismissive

E Indifferent

Error Identification

Knowledge on use of the language is tested through identification of language errors which may be lexical, grammatical or stylistic.

11. In his meticulously researched biography, the author paints a vivid portrait of the visionary leader, exploring his humble beginnings, rise to power, and unquestionable influence on the course of history, while also shedding light on the personal trials and tribulations that shaped his world perspective.

A researched
B rise to power
C course of history
D trials and tribulations
E No error

12. To study the distribution of Aedes albopictus, Gravidtraps are set in selected areas throughout the territory for monitoring the breeding of these mosquitoes.

A distribution of
B set
C throughout
D breeding of
E No error

13. Recycling styrofoam (or polyfoam) in a cost-effective manner is challenging for its light weight and low density.

A Recycling styrofoam
B in
C manner
D for
E No error

14. Passengers who have paid Air Passenger Departure Tax upon purchase of air tickets but eventually have not departed from air are eligible for tax refund from the airlines, travel agents or helicopter companies.

A upon
B have not
C from
D eligible for
E No error

15. Where the Chief Executive decides that the resumption of any land is required for the purpose of any marine park or marine reserve, the Chief Executive may order the resumption thereof in accordance with the provisions of the relevant Ordinance.

A Where
B for the purpose of
C thereof
D with the provisions
E No error

16. The increasing interconnectedness of economies and cultures in the era of globalization has brought about both benefits and challenges, such as the facilitation of international trade and the erosion of cultural diversity.

A interconnectedness
B era of globalization
C has brought
D erosion
E No error

17. It is always a challenging task to unpack my luggages after long and tiring flight from travels.

A always
B unpack
C luggages
D from
E No error

18. The scientist conducted a series of experiments in the last year and identified a new chemical element that has extraordinary properties.

A conducted
B series of
C new chemical element
D properties
E No error

19. The loss of life and property can be significantly minimised if a fire is effectively suppressed or even eliminated at its incipient stage.

A loss
B minimised
C eliminated
D incipient stage
E No error

20. Even tough scorching summer heat, birds are freely flying through the air with the sun high in the sky, aspiring to bring hope across all corners of the globe.

A Even tough
B through
C aspiring to
D of the globe
E No error

Sentence Completion

In this section, candidates are required to fill in the blanks with the best options given. The questions focus on grammatical use.

21. All locally registered doctors should comply with the "Code of Professional Conduct" and ________ when delivering telemedicine, they should exercise their professionalism in judging the appropriateness for patients to receive telehealth services under different situations.

A to serve patients
B serve the wellbeing of patients
C serve in the best interests of patients
D prioritise the wellbeing of patients
E work in the best interests of patients

22. The owner of an amusement ride may, or ________ , close or partially close the ride to the use of members of the public to enable repairs or alterations to be effected to the ride.

A as required by the Authority to
B if required by the Authority to
C if required by the Authority so
D if so required by the Authority should
E if so required by the Authority shall

23. Even amidst her hectic work schedule, my sister has always made it a point to ________ , ensuring their comfort and happiness, which truly speaks volumes about her responsibility and love.

A look up our aging parents
B look after our aging parents
C look our aging parents after
D look our aging parents up
E looking our aging parents

24. When a tuberculosis patient ________ , small droplets containing the tubercle bacilli are generated and spread in the air.

A is coughing or sneezing
B coughing or sneezing
C coughs or sneezes
D coughed or sneezed
E cannot stop coughing or sneezing

25. Photograph means a recording of light or other radiation on any medium ________ or from which an image may by any means be produced, and which is not part of a film.

A on which an image is produced
B of which an image is produced
C in which producing an image
D which produces an image
E which helps produce an image

26. Unless otherwise specified, this seasonal discount ________ other reward redemption, set offers, promotional offers and staff discount.

A cannot used in conjunction with
B cannot be used in conjunction with
C cannot be in used in conjunction against
D not allowed to be used in conjunction against
E not to be used in conjunction with

27. It is unlawful for an employment agency to discriminate against a person with a disability by ________ to provide any of its services.

A deliberately refuse or omit
B refuse or deliberately omit
C refusing or omitting deliberately
D deliberately refusing or omitting
E refusing or deliberately omitting

28. Given the importance of the legal aid system in upholding the rule of law in the city, the Government considered ________ the system, and ensure that the system can continue to meet the aspirations of the community.

A essential to maintain public's confidence in
B it essential to maintain public's confidence

C it essential to maintain public's confidence in
D it is essential to maintain public's confidence
E it is essential to maintain public's confidence in

29. Apart from pointing out that the majority of hill fires in the countryside ________, the speaker reminds grave sweepers and country park visitors to exercise caution during the Chung Yeung Festival.

A are human negligence
B are led by human negligence
C were caused by human negligence
D are caused by human negligence
E are due to human negligence

30. During the two years of campaign, each mentee ________ a volunteer mentor who will share his or her life experience and inspire the mentee to explore more possibilities for personal development.

A pairs with
B pair up with
C will pair
D will be paired with
E of the pair will match

Paragraph Improvement

In this section, two draft passages are cited. For each passage, questions are set to test candidates' skills in improving the draft. The focus of the questions is on writing skills, not power of understanding.

Passage 1

(1) Sexual equality, a cornerstone of a just and progressive society, hinges on the belief that all individuals should have equal rights, opportunities, and respect, regardless of their gender. (2) This concept extends beyond mere legal rights and touches the very fabric of social interactions and personal ambitions. (3) Its purpose is to deconstruct the deep-seated biases and stereotypes that have historically dictated the roles and expectations assigned to individuals based only on their sex.

(4) In workplace, sexual equality means equal pay for equal work and the same opportunities for career advancement. (5) Even in the 21st century, women often earn less than men for performing the same tasks, and they are underrepresented in leadership positions. (6) This disparity reflects not only a moral and social failure but also an economic inefficiency, as it hinders a significant portion of the workforce from contributing to their full potential.

(7) To achieve sexual equality, both structural changes and cultural shifts are necessary. (8) Education is the key in transforming perceptions, from kindergartens to universities, and professional training institutions. (9) When society collectively commits to valuing and empowering all genders equally true sexual equality be realized.

31. Which of the following is the best revision of sentence (3), reproduced below?

A The objective is to break down the all-along preconceptions and typecasts that have historically prescribed the roles for individuals based only on gender.

B The goal focuses on eliminating the stereotypes that have, over time, dictated the roles and prospects of individuals on the basis of their sex.

C It aims to dismantle the deep-seated biases and stereotypes that have historically dictated the roles and expectations assigned to individuals based solely on their gender.

D It seeks to overthrow the historical biases and stereotypes that have been the basis for assigning roles and setting expectations for individuals in accordance with their sex.

E Sentence (3) as it is now. No change needed.

32. Which of the following is the best phrase to be inserted in the beginning of sentence (5) ?

A Sadly,
B Undoubtedly,
C What is worse,
D Indeed,
E Continuously,

33. Which of the following sentences is the best to be inserted before sentence (8) ?

A Laws and enforcement are necessary.
B Laws and enforcement cannot change attitudes.
C Legislation is one of the ways in changing social attitudes.
D Legislation is a step in the right direction.
E Legislation such as the Equal Pay Act is a step in the right direction, but laws alone cannot change attitudes.

34. Which of the following is the best revision of sentence(8) , reproduced below?

A Education is very vital in the process of perception transforming, kids and adults be the target audience.
B Education is the only way to transform perceptions, including but not limited to students.
C Education plays a pivotal role in transforming perceptions, starting with young children and continuing through all levels of schooling and professional training.

D Education, however, in addition to structural changes and cultural shifts, also plays an important role in perception transforming among kids.

E Sentence (8) as it is now. No change needed.

35. Which of the following versions of sentence (9) corrects the language error, reproduced below?

A When society collectively commit to value and empower all gender equally true sexual equality be realized.

B When society collectively commits to value and empower all genders equally, true sexual equality be realized.

C Only when society collectively commits to valuing and empowering all genders equally true sexual equality be realized.

D Only when society collectively commits to valuing and empowering all genders equally can true sexual equality be realized.

E Sentence (9) as it is now. No change needed.

Passage 2

(1) The production of a movie is a complex, involving a blend of creative vision and meticulous planning. (2) It begins with an idea or a story, which is then transformed into a detailed screenplay. (3) This script serves as the blueprint for the entire production, outlining dialogue, settings, and the sequence of events that will unfold on the screen.

(4) Pre-production is the next critical phase, where cast and crew are assembled, locations are scouted, and sets are designed. (5) It's a period characterized by intense collaboration, with directors, producers, and department heads working together to align their visions for the film. (6) Budgets are calculated, schedules are crafted, and the groundwork is laid for the principal photography to begin.

(7) The production enters a dynamic stage where everything that has been planned is put into action. (8) Actors breathe life into their characters, directors orchestrate each scene, and crew members work tirelessly behind the cameras. (9) The raw footage captured during this period is the raw material that will be shaped and polished through the post-production process. (10) Editing, special effects, sound design, and scoring all come together to create the final product, which may differ significantly from the initial script, but holds the essence of the original story.

36. Which of the following versions of sentence (1) corrects the language error, reproduced below?

A The production of a movie is a complex, involving the blend of creative vision and meticulous planning.

B The production of a movie is a complex, involving a blend of creativity vision and meticulous planning.

C The production of a movie is a complex process, involving a blend of creative vision and meticulous planning.

D The production of a movie is a complex, involved a blend of creative vision and meticulous planning.

E Sentence (1) as it is now. No change needed.

37. Which of the following is the best revision of sentence(6), reproduced below?

A Filmmakers calculate budgets, craft schedules, and lay out the groundwork for the beginning of principal photography.

B The producer then calculate the budget, craft the schedules, and lay groundwork for the principal photography to begin.

C Budgets are calculated, schedules are crafter, and the groundwork is laid for the beginning of the principal photography.

D Budgets, schedules and groundwork are the fundamental of principal photography.

E Sentence (6) as it is now. No change needed.

38. Which of the following is the best phrase to be inserted in the beginning of sentence (7)?

A Once filming starts,

B Once film starts,

C Once the film starts,

D Once the filming starts,

E Sentence (7) as it is now. No change needed.

39. Which of the following versions of sentence provides the best link between sentences (9) and (10) ?

A It's in this transitional phase that the film truly begins to take shape, as the various elements are woven together to tell a cohesive story.

B The film truly begins to take shape, as the various elements are woven together to tell a cohesive story.

C The film truly begins to take shape, and elements are woven together to tell a cohesive story.

D Film here truly begins to take shape, with the various elements woven together to tell a cohesive story.

E Film truly begins to take shape when various elements are woven together.

40. In sentence (10) , which of the following could be inserted between 'final' and 'product' without changing the meaning of the sentence ?

A creative

B cinematic

C compassionate

D curious

E crabbed

模擬考卷一　答案

[題目]

題目	答案	備註
1.	A	
2.	B	
3.	D	
4.	C	
5.	D	
6.	C	
7.	E	
8.	C	
9.	C	
10.	B	
11.	D	
12.	E	
13.	A	Recycling 後須補介詞 of，以免變成名詞
14.	C	from 應為 by
15.	E	
16.	D	宜用中性詞彙如 reduction
17.	C	luggage 為不可數名詞
18.	C	原文有歧義，newly discovered chemical element 更準確
19.	C	字眼不精確，宜改為 extinguished
20.	A	應是 Even though 才對；但改為 Despite 或 Amid 更好
21.	C	較匹配原文語境
22.	E	
23.	B	look after 解作照顧
24.	C	敘述普遍事實，應該用現在式
25.	A	
26.	B	
27.	E	
28.	C	文法正確且用字較簡潔
29.	D	
30.	D	
31.	C	
32.	A	
33.	E	
34.	C	
35.	D	
36.	C	
37.	D	
38.	A	
39.	A	
40.	B	

6.2 模擬考卷二

Comprehension

This section aims to test candidates' ability to comprehend a written text. A prose passage of non-technical background is cited. Candidates are required to exercise skills in deciding on the gist, identifying main points, drawing inferences, distinguishing facts from opinion, interpreting figurative language, etc.

Artificial Intelligence (AI) has seamlessly woven itself into the fabric of our daily lives. From voice-activated assistants to predictive text features, AI's presence is becoming more pronounced as it continues to evolve. This evolution is grounded in the ever-increasing processing power of computers and the vast improvement in algorithm efficiency. AI systems have come a long way from their early days, when they could only perform basic functions under specific conditions.

AI's capabilities have grown exponentially. For instance, machine learning algorithms now surpass human accuracy in areas such as image recognition. Google's AI algorithm can identify images with a 93% accuracy rate, whereas humans lag slightly behind at 91%. Today, AI impacts various industries, revolutionizing the way we approach problems and tasks. In healthcare, AI helps doctors to analyze medical images with greater accuracy than ever before. The automotive industry is another area where AI's influence is undeniable; autonomous vehicles are becoming a reality thanks to the intricate AI systems that allow cars to navigate complex environments. Beyond practical applications, AI is also pushing the boundaries in creative fields, generating music, art, and literature in styles indistinguishable from those created by humans.

The potential of AI is not without its concerns, however. As AI becomes more advanced, discussions about ethical implications, such as data privacy and the future of employment, intensify. Some argue that AI could displace many jobs, while others believe it will create new opportunities in sectors yet to be imagined. Moreover, the issue of bias in AI decisions, stemming from biased training data, raises questions about fairness and accountability in AI-driven systems.

As we look toward the future, it's clear that AI will play a pivotal role in shaping our society. It's imperative for policymakers, scientists, and the public to engage in dialogue about the direction of AI development. Balancing the immense potential benefits with the ethical considerations will be key to harnessing AI's power to improve our world.

1. What contributed to the evolution of AI?

A Voice-activated assistants
B Navigating power
C Human's need
D Slow algorithm efficiency
E Increased computer processing power

2. What is the humans' accuracy rate in image recognition?

A 84%
B 85%
C 89%
D 91%
E 93%

3. What is the purpose of citing the respective accuracy rates in image recognition of AI and human?

A To tell that AI has a good image recognition capability.
B To prove the fact that machine learning algorithms now surpass human accuracy.
C To indicate how AI is widely used in different fields.
D To show how AI integrated into our daily lives.
E To humiliate human.

4. What is the AI–related product in the automotive industry suggested in the passage?

A Automated cleaning
B Automatic traffic enforcement system
C Autonomous vehicle
D Electric vehicle
E Plug-in hybrid electric vehicle

5. What is/are the ethical concerns associated with the development of AI, as discussed in the passage?

A Intensifier
B Data privacy
C Driving safety
D Medical ethics
E All of the above

6. What is the implication of applying AI on creative fields?

A AI is not as creative as human.
B AI-generated music is not distinguishable from human-created music.
C AI focuses on accuracy instead of creativity.
D AI's influence in undeniable.
E AI is replacing artists.

7. What is deemed imperative when considering the future of AI?

A Allowing AI in shaping our society.
B Neglecting the economic benefits created by AI.
C Providing workers with new skills to handle AI systems.
D Ensuring AI algorithms are efficient and error-free.
E Engaging in dialogue about the direction of AI development.

8. Which of the following serves the best title for the passage?

A Artificial Intelligence
B Artificial Intelligence: The Journey to a Smarter World
C The Discussion of Artificial Intelligence
D The Tipping Point of Artificial Intelligence
E How Artificial Intelligence Changes Our Lives

9. Which of the following statements is correct about the passage?

A It discussed AI's potential to revolutionize various sectors including the creative arts and healthcare.
B It agreed that AI is already in widespread use without any issues.
C It concluded AI is creating irreversible damage to the global economy.

D It did not appreciate the arts created by AI.

E It believed that AI will eliminate the need for human workers.

10. What is the author's attitude towards the development of AI?

A Cautiously optimistic

B Completely pessimistic

C Unquestionably enthusiastic

D Strictly informative

E Entirely indifferent

Error Identification

Knowledge on use of the language is tested through identification of language errors which may be lexical, grammatical or stylistic.

11. Polluted water apparently favours the multiplication and emergence of chironomid but relatively clean water can also support their breeding. Most of them are detritus feeders.

A apparently

B of

C their

D detritus feeders

E No error

12. During the pandemic, the plummeting economy has led to a significant inflate in the cost of living.

A During

B plummeting

C led to

D inflate

E No error

13. Social media overcomes geographical distance by providing a platform for individuals and businesses to communicate and share information in real-time, regardless their physical location.

A overcomes

B providing

C in real-time

D regardless

E No error

14. Manufacturing scarcity in marketing, through strategies like limited-time offers, limited editions, flash sales, waitlists, pre-orders, or "only X left in stock" notifications, can effectively increase demand and urgency.

A Manufacturing
B through
C effectively increase
D urgency
E No error

15. Please assure that even if you have exercised your opt-out right to not receive direct marketing materials, the company shall continue to honour your membership and you will continue to enjoy the benefits conferred accordingly thereunder.

A assure
B opt-out right
C honour
D accordingly thereunder
E No error

16. Three actors and a makeup artist fight to make their own way in a world that weighs the backgrounds they were born into more than their dreams.

A fight
B weighs
C were born
D into
E No error

17. The bustling city, with its towering skyscrapers and a population that never seems to sleep, is a testament to human ingenuity and ambition, a place where dreams come true and opportunities abound, yet beneath its shiny surface, it hides a darker side, marked by inequality, poverty, and deprivation, a stark contrast that serves as a sobering reminder of the city's complicating past.

A with
B never seems to sleep
C marked by
D complicating
E No error

18. Water, drinks or foods with liquids stored in containers no larger than 100 ml and placed in a clear re-sealable plastic bag with maximum capacity of 1 litre with other liquids, aerosols and gels are allowed through the security screen check point at the airport.

A no larger than
B clear

C with maximum capacity

D screen check point

E No error

19. To avoid the creation of food waste and disposable containers and cutlery, parents can prepare the suitable amount of food for their children in reusable containers with cutlery as an environmental–friendly practice.

A creation

B and

C suitable amount

D environmental-friendly practice

E No error

20. October is a spooky season, and there's no better time to lose yourself in the myriad eerie ghost stories and terrifying tales, warn residents to stay away from derelict buildings and former execution sites.

A spooky

B lose yourself

C myriad

D warn

E No error

Sentence Completion

In this section, candidates are required to fill in the blanks with the best options given. The questions focus on grammatical use.

21. The 'Right Plant, Right Place, People–Centred' principle in selection of suitable plant species ________ , alleviates rising district temperatures, and provides habitats for the wildlife.

A improves our living environment quality
B improves the living space quality of us
C uplifts the living space quality of us
D uplifts our living environment quality
E uplifts the quality of our living environment

22. The publisher of a new book shall, within 1 month ________, deliver to the Authority free of charge 5 copies of the book.

A upon printing of the book
B from when the book is published, printed, or produced
C after when the book is published, printed, or produced
D after the book is published, printed, or produced
E of the publication

23. Students, especially those attending a new school in this school term, are reminded ________ to be taken to schools and allow adequate travelling time on the first school day.

A to familiarise themselves with the public transport routes

B to make themselves familiarising with the public transport routes

C to make public transport routes familiarise

D to familiarise public transport routes

E to familiarise public transport routes with themselves

24. An electricity supplier shall not connect the electricity supply to a fixed electrical installation unless he has inspected the installation and is satisfied that ________ .

A it is to safely do so

B it is safe to do so

C doing so is safe

D that is safe to do so

E that is safe doing so

25. You can't always come up with the optimal solution, but you can usually come up with ________.

A an ultimate one

B the one

C a better one

D a better solution

E a better than the optimal solution

26. Any deviation in saving or attempting to save life or property at sea or any reasonable deviation shall not be deemed to be ________ , and the carrier shall not be liable for any loss or damage resulting therefrom.

A infringing or breaching the contract of carriage
B infringement or breaching of the contract of carriage
C an infringement or breach of the contract of carriage
D contract of carriage infringed or breached
E contract of carriage be infringed or breached

27. The Practitioners Board shall set and conduct an examination, called the Chinese Medicine Practitioners Licensing Examination, ________ a person to apply to be registered as a registered Chinese medicine practitioner.

A the Board shall pass
B one passing
C the passing of which shall qualify
D the passing of the exam means
E of which the passing of

28. As Tropical Cyclone Warning Signal No. 8 will remain in force till at least 11am today, the Government announced that classes of all day schools will be suspended to ________ .

A safe students

B safeguard students
C confirm students' safety
D ensure students' safety
E secure students' safety

29. A teacher who is not a principal of a school and ________ for approval to be the principal of the school may, as long as he is a registered teacher, perform the functions of the principal until the recommendation is approved or refused.

A who was recommended
B who had been recommended
C who recommended himself
D has been recommended
E been recommended in

30. ________ the Personal Data (Privacy) Ordinance, access to all personal data will be made available, on payment of a fee, to anyone who can establish his/her right to be informed of such data as are retained by the organisation.

A In the belief of
B In accordance with
C In compliance with
D In relation to
E With reference to

Paragraph Improvement

In this section, two draft passages are cited. For each passage, questions are set to test candidates' skills in improving the draft. The focus of the questions is on writing skills, not power of understanding.

Passage 1

(1) Santa Claus, also known as Saint Nicholas or Kris Kringle, has a long history steeped in Christmas traditions. (2) Known by many names across the globe, he is revered as a symbol of giving and joy. (3) Dressed in a red suit with a white beard, his jolly laughter and cheerful demeanour are iconic during the holiday season.

(4) Children eagerly await Santa's visit on Christmas Eve, with toys and gifts left under the tree. (5) They write heartfelt letters to the North Pole, expressing their wishes and hopes, engaging in a long-standing tradition that spans generations. (6) It's a festive ritual that ignites the magic of the holiday season.

(7) Santa's journey is said to be a remarkable flight across the sky in a sleigh led by his faithful reindeer. (8) The most celebrated among them is Rudolph, with his nose so bright, guiding the way through the night. (9) This whimsical story

continues to enchanting, drawing families together in a shared belief in the joy of giving.

31. Which of the following is the best version to combine sentence (1) and (2) , reproduced below?

A Known around the world as Saint Nicholas, Kris Kringle, or Santa Claus, this cherished figure embodies the spirit of giving and joy that are central to the holiday season's customs and traditions.

B Globally celebrated and known variously as Kris Kringle, Saint Nicholas, or Santa Claus, he stands as an iconic emblem of joy and the spirit of giving that infuses the Christmas traditions.

C Santa Claus, who is also referred to by various other names including Saint Nicholas and Kris Kringle, has a particularly long and significant history that is deeply entwined with the traditions of Christmas, and he is universally acknowledged and esteemed as a representation of generosity and happiness.

D Santa Claus, also known as Saint Nicholas or Kris Kringle across the globe, has a long history steeped in Christmas traditions and is revered as a symbol of giving and joy.

E Santa Claus, with a history in Christmas traditions, is known and revered as a symbol of giving and joy.

32. In sentence (4) , which of the following is the best phrase to be inserted between 'with' and 'toys'?

A visions of
B ideas of
C projections of
D anticipation of
E speculations of

33. In sentence (5) , which of the following could be removed without changing the meaning of the sentence?

A heartfelt
B expressing
C long-standing
D spans
E generations

34. Which of the following is the best revision of sentence (5) , reproduced below?

A They craft letters filled with their desires and dreams, sending them off to the distant North Pole, a practice that has been believed to connect generations.
B Each year, as December 25th approaches, children write letters to Santa with their Christmas wishes.
C As a tradition, children write their letters to the North Pole and expressed their wishes and hopes.

D They pen their wishes and hopes in letters addressed to the North Pole, partaking in a tradition that has been passed down through the ages.

E Sentence (5) as it is now. No change needed.

35. Which of the sentences contains a language error?

A Sentence (4)

B Sentence (5)

C Sentence (6)

D Sentence (7)

E Sentence (9)

Passage 2

(1) The Black-faced Spoonbill is a rare and fascinating bird, known for its distinctive black face and long, flat, spoon-shaped bill. (2) This unique bird has captured the interest of ornithologists and bird-watchers alike. (3) In East Asia, next to the ocean, that's where the Black-faced Spoonbills are from, and they fly really far to go to their breeding spots and where they like to be when it's winter.

(4) The Black-faced Spoonbill faces numerous challenges in its fight for survival. (5) Threatened by habitat loss due to industrial development and pollution, their numbers have dwindled

making them an endangered species. (6) Conservation efforts are in place to protecting their remaining habitats, especially in areas where they are known to breed and feed.

(7) As stewards of the environment, it is our duty to raise awareness about the plight of the Black-faced Spoonbill. (8) By actively educating the general public about the critical importance of biodiversity and the pressing need for comprehensive environmental conservation, we can galvanize communities to take decisive action in preserving these precious creatures.

36. Which of the following is the best revision of sentence (3), reproduced below?

A Around East Asia's coasts, these Black-faced Spoonbills are the kind that fly long ways to get to the places where they breed or spend the winter.

B Those Black-faced Spoonbills, which you can find near the beaches of East Asia, do a lot of traveling to reach the spots where they make more birds and where they hang out during the wintertime.

C The Black-faced Spoonbill comes from the East Asia coast and moves a lot from where it has babies to where it stays when it's cold.

D Native to the coastal regions of East Asia, the Black-faced Spoonbill is a migratory species that travels considerable distances between breeding and wintering grounds.

E Sentence (3) as it is now. No change needed.

37. Which of the sentences lacks a comma in it?

A Sentence (3)
B Sentence (4)
C Sentence (5)
D Sentence (6)
E Sentence (8)

38. Which of the following is the best phrase to be inserted in the beginning of sentence (4) ?

A However,
B Meanwhile,
C Nevertheless,
D Undoubtedly,
E Unfortunately,

39. Which of the sentences contains a language error?

A Sentence (4)
B Sentence (5)
C Sentence (6)
D Sentence (7)
E Sentence (8)

40. Which of the following revisions of sentence (8) expresses different meaning from the original sentence?

A Through proactive public education on the crucial role of biodiversity and the urgent necessity for extensive environmental conservation, we can motivate communities to undertake significant measures to protect treasured species.

B By fostering a deep understanding for biodiversity's intrinsic value and the dire need for robust environmental stewardship, we can nurture a culture of conservation that extends beyond individual species to encompass entire ecosystems.

C If we intensify our efforts to educate the population at large about the pivotal necessity of biodiversity and the immediate demand for wide-ranging environmental conservation, we can prompt community action to safeguard cherished animals.

D We can spur communities into taking conservation actions to save valued species by intensively raising public awareness about the essential nature of biodiversity and the compelling need for all-encompassing environmental protection.

E By engaging in vigorous outreach to inform society about the significance of biodiversity and the imperative for thorough environmental preservation, we can encourage community members to act definitively in the conservation of valued wildlife.

模擬考卷二　答案

[題目]

題目	答案	說明
1.	E	
2.	D	
3.	B	
4.	C	
5.	B	
6.	B	
7.	E	
8.	B	
9.	A	
10.	A	
11.	E	
12.	D	該改用名詞 inflation
13.	D	此句中的 regardless 應該後接介詞 of
14.	A	Scarcity 是一個概念，無法被製造 (Manufacturing)，該說 Creating 才正確
15.	A	
16.	E	
17.	D	形容詞該為 complicated
18.	D	該為 screening
19.	A	用字不確，該為 generation
20.	D	
21.	E	
22.	D	準確、無歧義且較簡潔
23.	A	
24.	B	
25.	D	
26.	B	
27.	C	
28.	D	
29.	B	
30.	C	
31.	D	
32.	A	較符合文意和語境
33.	C	
34.	D	
35.	E	
36.	D	
37.	C	
38.	E	
39.	C	
40.	B	注意，是找改寫後意思有別的選項

6.3 模擬考卷三

Comprehension

This section aims to test candidates' ability to comprehend a written text. A prose passage of non-technical background is cited. Candidates are required to exercise skills in deciding on the gist, identifying main points, drawing inferences, distinguishing facts from opinion, interpreting figurative language, etc.

The concept of 'quiet quitting' has emerged as a buzzword in workplace discussions, particularly among the younger workforce. It's a term that describes the act of doing no more than one's job description requires, avoiding extra tasks and overtime in search of a better work-life balance. A recent online poll found that at least 50% of the American workforce could be characterized as "quiet quitters", indicating a significant shift in work attitudes.

Quiet quitting doesn't necessarily involve leaving a job; rather, it's about setting boundaries. Employees who quietly quit still fulfill their responsibilities but decline to extend themselves beyond what they perceive as their fair share of work. This trend is supported by data from the Bureau of Labor Statistics, which shows a decline in average weekly hours worked from 38.7 hours in 2019 to 38.1 hours in 2021.

Critics argue that quiet quitting is a form of disengagement that hurts productivity and overall workplace morale. They contend that it's vital for employees to show initiative and go beyond their basic duties to foster a thriving work environment. On the other hand, proponents of quiet quitting suggest it's a response to years of expected overachievement without commensurate rewards, reflecting a reevaluation of personal goals and aspirations.

The rise of quiet quitting could be interpreted as a silent protest against the 'hustle culture' that has dominated the corporate world for decades. In the face of stagnant wages and rising living costs, a report by the Economy Institute shows a steady increase in productivity by 61.8% between 1979 and 2020, whereas wages have only grown by 17.5%. This disparity may well be the catalyst driving workers to retreat into the bare minimum, prompting a quiet revolution in the labor market.

1. What is the primary subject of the passage?

A The concept of work-life balance
B The ways to avoid overtime work
C To change in wages over the past decades
D The benefit of working exactly what the job description requires
E The phenomenon of quiet quitting

2. What is the percentage of the American workforce engaging in quiet quitting, according to the online poll as mentioned in the passage?

A Around 17.5%
B 38.1%
C No less than 50%
D Nearly 50%
E 61.8%

3. Which of the following correctly describes quite quitting?

A Setting boundaries at work
B Looking for a freelance job
C Reducing working hours to part-time
D Actively looking for a new job
E Being a slasher

4. What is the attitude of quite quitters towards extra tasks?

A They embrace them as opportunities for growth.
B They feel obligated to take them on.
C They are indifferent to them.
D They tend to decline them.
E They opt to resign rather than take them on.

5. Which of the following statements would a proponent of quiet quitting most likely agree with?

A Employees should not be expected to work beyond their job descriptions.
B Setting boundaries at work leads to a decline in personal growth.
C Working overtime should be paid.
D Productivity is the sole indicator of an employee's value.
E Extra effort at work should always be rewarded with promotions.

6. What is the reported disparity between productivity and wage growth since 1979?

A Productivity up by 44.3%,
B Wages up by 44.3%
C Productivity up by 61.8%, wages up by 17.5%
D Productivity up by 17.5%, wages up by 61.8%
E Productivity and wages have both increased by 61.8%

7. Which of the following explain the reason for quiet quitting?

A The disparity between productivity and wage growth in the past decades
B Desire for more challenging tasks
C Oversupply of jobs in the employment market
D Dissatisfaction with workplace relationships
E All of the above

8. What does 'quiet revolution' in the last paragraph mean?

A A new company policy
B A new labour policy
C A government-led initiative to reduce working hours
D A non-confrontational change in working behaviour
E A literal uprising in the workforce

9. Which of the following statements describe the author's attitude towards work attitudes, as shown in the passage?

A Quiet-quitting is a concept that should not be encouraged.
B The disparity between productivity and wage growth since 1979 is unfair to employees.
C Employee should not work overtime.
D Quiet quitting is a form of disengagement that hurts productivity and overall workplace morale.
E None of the above

10. What is the author's attitude towards quiet quitting?

A Dismissive
B Supportive
C Critical
D Neutral
E Alarmist

Error Identification

Knowledge on use of the language is tested through identification of language errors which may be lexical, grammatical or stylistic.

11. Antimicrobial resistance is the ability of a microorganism, most significantly bacteria, to stop an antimicrobial agent, such as antibiotics, from working against it.

A ability
B bacteria
C stop
D against
E No error

12. Hong Kong has been a Special Administrative Region of the People's Republic of China since 1997, at which we have been implementing "one country, two systems" policy, which has proven to be the best institutional arrangement to ensure Hong Kong's long term prosperity and stability, and to serve the fundamental interests of our nation.

A at which
B has proven
C long term
D serve
E No error

13. The Department has set up a bi-lingual website enabling the public to have a better appreciation in our local fishing industry and our rich and diverse fisheries resources in Hong Kong waters.

A has set up

B in

C rich

D waters

E No error

14. A person wishing to install an amusement ride shall not carry out any part of the installation works until the designs and specifications connected with the ride; and the method and programme of installation of the ride had been approved by the Government.

A wishing

B shall not

C connected with

D had been approved

E No error

15. The new hiring policy, initiated by the new leader, has been implemented to ensure that all employees are treated with equity.

A initiated by
B has been implemented
C treated with
D equity
E No error

16. Without the prescribed approval of its members, a specified company must not make a quasi–loan to a director of the company; or give a guarantee or provide security in connection with a quasi–loan made by any person to such a director.

A prescribed
B to
C provide
D in connection with
E No error

17. The flower plot dotted with a riotous collection of tulips is without exception a perfect spot for photo–taking, bringing visitors immense joys and happiness.

A dotted with
B riotous collection
C without exception
D joys and happiness
E No error

18. Adequate and suitable <u>accommodation</u> shall be provided in a <u>place of</u> public entertainment for persons awaiting <u>for</u> admission <u>to</u> a public entertainment.

A accommodation
B place of
C for
D to
E No error

19. A trust is a non-reporting financial institution if it <u>is established</u> <u>to the extent</u> that the trustee of the trust is a reporting financial institution and reports all information required to be reported <u>pursuant to</u> the concerned regulations <u>with respect to</u> all reportable accounts of the trust.

A is established
B to the extent
C pursuant to
D with respect to
E No error

20. <u>Despite</u> the numerous challenges and setbacks that have marked the ambitious space exploration program, the team of dedicated scientists has <u>remained steadfast</u> in their mission to push the boundaries of human knowledge

and unlock the secrets of the universe, a mission that has inevitably led them to confront the profound and sometimes unsettling implications of their pioneering work.

A Despite
B remained steadfast
C has inevitably
D implications
E No error

Sentence Completion

In this section, candidates are required to fill in the blanks with the best options given. The questions focus on grammatical use.

21. The committee may transact any of its business ________ and a resolution in writing which is approved in writing by a majority of the members shall be as valid and effectual as if it had been passed at a meeting of the committee.

A circulating the papers amongst members
B by circulation of papers amongst members
C by circulation of papers around members
D to the members by circulation of papers
E to the members by circulating the papers

22. For a Light Refreshment Restaurant Licence, the licensee is allowed to prepare food by using simple cooking methods like boiling, stewing, steaming, braising, simple frying ________ during the food preparation process for consumption on the premises.

A which shall not generate large amount of greasy fumes
B which should not generate large amount of greasy fumes
C where large amount of greasy fumes shall not be generated
D greasy fumes not be generated
E greasy fumes will not be generated

23. A flight of a small unmanned aircraft begins at the time when ________ and ends at the time when the aircraft next comes to rest.

A any component of the aircraft first moves for the purpose of taking off
B first moving any component of the aircraft for the purpose of taking off
C first move of any component of the aircraft for the purpose of taking off
D for the purpose of taking off, first move of any component of the aircraft
E for the purpose of taking off, any component of the aircraft first moves

24. Voluntary disposition of land made with intent to defraud a subsequent purchaser is voidable ________ .

A purchase at the instance

B as requested by the instance of that purchaser

C based on the instance of that purchaser

D in the instance of that purchaser

E at the instance of that purchaser

25. Support will be provided to foster families ________ , including arranging early assessment and professional rehabilitation therapy and training.

A who taking care of children with special learning or care needs

B taking and caring children with special learning needs

C taking care of children with special learning or care needs

D taking care of special children with learning or care needs

E caring of children with special learning or care needs

26. Text–books used in schools shall contain print of such a type and size as is calculated not to ________ .

A stress the eyes of pupils

B strain the eyes of pupils

C harmful to the eyes of pupils

D give pressure to the eyes of pupils as

E stress the eyes of pupils out

27. It is common in the city that employers will set job requirements ________ in the public exam.

A referring to results
B with reference to results
C with referral to results
D according to results
E in accordance with results

28. A child's evidence in criminal proceedings shall be given unsworn and shall be capable of corroborating the evidence, sworn or unsworn, ________ .

A made by any others
B sworn by any other people
C as requested by anyone
D confirmed any other children
E given by any other person

29. The Government has been promoting green tourism and actively exploring the development of new green attractions ________ nature conservation and sustainable development.

A following strictly
B considering seriously
C taking into considerations of
D following the principles of
E considering the importance of

30. When ignorant folks want to ________ , you don't really have to do anything, you just let them talk.

A advertise ignorance
B turn in their ignorance
C advance the ignorance
D advertise their ignorance
E ignore their ignorance

Paragraph Improvement

In this section, two draft passages are cited. For each passage, questions are set to test candidates' skills in improving the draft. The focus of the questions is on writing skills, not power of understanding.

Passage 1

(1) Manila, the vibrant capital of the Philippines, is a city rich in history and culture. (2) Founded in the 16th century, it has grown from a small tribal settlement to a sprawling metropolis. (3) The city is known for its historical landmarks, such as the walled city of Intramuros, was built during the Spanish colonial period.

(4) The streets of Manila are a bustling tapestry of Filipino life. (5) Jeepneys, the colourful and iconic buses, weave through traffic,

offering a glimpse into the daily rhythms of the locals. (6) The Baywalk along Roxas Boulevard, provides a picturesque view of the famous Manila Bay sunset, beloved by residents and tourists alike.

(7) In addition to its scenic spots, Manila is also a hub for commerce and education. (8) It hosts several universities that are esteemed for their academic rigor. (9) The city's malls, like SM Mall of Asia, one of the largest in the world, are filled with a myriad of shops and restaurants catering to every taste and need. (10) Despite the hustle, Manila retains a unique charm that continues to captivate the hearts of both residents and visitors.

31. Which of the following is the best revision of sentence(1), reproduced below?

A Manila, the capital of the Philippines, has a rich history.

B The vibrant city of Manila is known for its cultural heritage.

C Manila, stands as the Philippines' capital, offering a rich tapestry of historical narratives and cultural richness.

D Manila, the bustling and lively capital of the Philippines, boasts a storied past with cultural influences from both the East and West.

E Manila, not only the political heart but also the cultural tapestry of the Philippines, is a city where centuries of history and diverse cultural elements intertwine.

32. Which of the sentences contain a language error?

A Sentence (2)
B Sentence (3)
C Sentence (5)
D Sentence (6)
E Sentence (7)

33. Which of the sentences lacks a comma in it?

A Sentence (2)
B Sentence (3)
C Sentence (5)
D Sentence (6)
E Sentence (9)

34. Which of the following is the best version to combine sentences (4) and (5) , reproduced below?

A Manila's streets are alive with activity, highlighted by the presence of jeepneys.
B The energetic streets of Manila present a dynamic mosaic of Filipino life, where jeepneys, adorned with vibrant colours and decorations, navigate through the city's arteries, providing a window into the everyday life of its inhabitants.
C In Manila, the streets thrum with the pulse of Filipino traditions, and the jeepneys, with their flamboyant designs, play a crucial role in not just transportation but also in

showcasing the local way of life as they bustle through the city's thoroughfares.

D The streets of Manila weave a vibrant tableau of Filipino life, with jeepneys, those colourful emblems of the city's spirit, threading their way through the traffic, each one a moving vignette of the local tempo.

E Sentences (4) and (5) as they are now. No change needed.

35. In sentence (10) , which of the following is the best phrase to be inserted after 'Despite the hustle' without changing the meaning of the sentence?

A and bustle

B and buzz

C and dynamic

D and dynamics

E and flurry

Passage 2

(1) Depression is a common but serious mood disorder that affects how a person feels, thinks, and handles daily activities. (2) It is more than just a feeling of being sad; it is a deep sense of despair that can make even the simplest tasks feel overwhelming. (3) People of all ages, including young teenagers or senior retired people, can experience depression.

(4) It is important to know that depression is not a sign of weakness or a character flaw. (5) It is a health condition that can be treated. (6) Symptoms may include a loss of interest in activities once enjoyed, changes in appetite, trouble sleeping, or feeling tired all the time, among other emotional and physical changes.

(7) Everyone go through tough times, but if feelings of sadness last for more than two weeks and start affecting everyday life, it's important to seek help. (8) Treatment may involve talking therapies, medication, or a combination of both. (9) With the right support, individuals can overcome depression and lead fulfilling lives.

36. Where should the following sentence, 'Talking to a trusted person or healthcare professional is a crucial step in dealing with depression', be inserted to the passage?

A After sentence (3)
B After sentence (4)
C After sentence (5)
D After sentence (6)
E After sentence (9)

37. Which of the following is the best version to combine sentences (4) and (5) , reproduced below?

A It is crucial to understand that depression is not a sign of weakness or a character flaw, but rather a treatable health condition.

B Depression is often mistaken for a personal failing, yet with the right treatment, it can be cured.

C People should know, feeling down in the dumps isn't about being weak or messed up; it's something you can actually fix up.

D Depression is not a flaw yet can be treated.

E It is of paramount importance to recognize that depression, which is not at all a sign of personal weakness or a defect in one's character, is in actuality a medical health condition that is completely capable of being treated effectively.

38. Which of the sentences contain a language error?

A Sentence (4)

B Sentence (6)

C Sentence (7)

D Sentence (8)

E Sentence (9)

39. In sentence (6), which of the following could be removed without changing the meaning of the sentence?

A may
B once enjoyed
C or
D ,among other emotional and physical changes.
E None of the above.

40. Which of the following is the best revision of sentence(9), reproduced below?

A Armed with appropriate support, individuals may transcend the shadows of depression and navigate towards lives brimming with fulfillment.
B With the right kind of supportive help, people can indeed overcome the challenges of depression and can truly lead lives that are full and rewarding.
C With the correct supportive measures in place, it's entirely possible for individuals to not just overcome depression but to also lead lives that are deeply fulfilling and richly rewarding.
D With the right support, including therapy and medication if needed, individuals can conquer the grip of depression and emerge to lead lives full of joy and purpose.
E With a solid support system, encompassing both professional guidance and the compassion of loved ones, individuals can rise above depression and craft lives marked by satisfaction and achievement.

模擬考卷三　答案

［題目］

題號	答案	備註
1.	E	
2.	C	
3.	A	
4.	D	
5.	A	
6.	C	
7.	A	
8.	D	
9.	E	
10.	D	
11.	E	
12.	E	
13.	B	應改用介詞 of
14.	D	應為 have been approved
15.	D	
16.	E	
17.	D	應為 joy and happiness
18.	C	正確是 awaiting 或 waiting for
19.	E	
20.	D	
21.	B	
22.	A	Shall 較匹配此句語境
23.	A	
24.	E	
25.	C	
26.	B	
27.	B	
28.	E	
29.	D	
30.	D	
31.	C	
32.	B	
33.	D	
34.	D	
35.	D	
36.	D	
37.	A	
38.	C	go 應為 goes
39.	D	
40.	A	

附錄：相關網絡資源

網站	提供資訊	二維碼連結
Civil Service Bureau (https://bit.ly/48OccLu)	公眾可在此查看最新的公務員招聘資訊。	
GovHK (https://bit.ly/498VQwW)	政府向公眾發放不同政策及措施訊息的綜合平台。	
e-Glossary, Publications and Statistics (https://bit.ly/42av19g)	可使用關鍵字查找政府常用的英文辭彙，亦可留意政府常用的統計數字及單位。	
Legislative Council (https://bit.ly/3vSkELi)	可在此查找立法會文章並觀摩其內容寫法，熟悉官方行文風格。	
Press Release of HKSAR (https://bit.ly/3Udn015)	可在此觀看不同部門發出的新聞稿，累積學習不同領域的詞彙和了解公文寫作用字風格。	
Research of HKTDC (https://bit.ly/3UJra14)	提供一些官方經貿數據，有助了解跟本地經貿領域相關的資訊。	
Circulars of Education Bureau (https://bit.ly/3UaZTV2)	教育局發予各學校的通告，可參考其中內容學習相關詞彙。	

Word Power (https://bit.ly/3HyMyP0)	《文訊》(*Word Power*)是政府內部為公務員而設的語文和文化刊物，十分值得參考閱讀。	
engVid (https://bit.ly/3T1k4E2)	一個以英語影片來講解英文文法的網站，影片均配有字幕，方便觀摩學習。	
UsingEnglish (https://bit.ly/49EugHR)	這是一個提供有不同形式（如 Comprehension）英文練習題的網站，值得多做，有助加強語感，以及閱讀和文法等方面的能力。	
RoadToGrammar (https://bit.ly/49zDCEI)	提供大量英語文法小測試（包括線上測試或 PDF 閱讀版），並提供相關內容詳解。	

附錄：公務員職位所需 CRE 成績

以下表格是大部分公務員職系與入職職級的名單，以及需要考獲的綜合招聘考試成績，考生可選擇報考未取得所需成績的 CRE 試卷（可選擇報考全部、任何一張或任何組合的試卷），申請人應先確定擬投考職位的要求及被接納為等同 CRE 成績的其他公開試成績，以決定所需報考的試卷。

職系 Grade	入職職級 Entry Rank (s)	英文運用	中文運用	能力傾向測試
會計主任 Accounting Officer	二級會計主任 Accounting Officer II	二級	一級	及格
政務主任 Administrative Officer		二級	二級	及格
農業主任 Agricultural Officer	助理農業主任 / 農業主任 Assistant Agricultural Officer / Agricultural Officer	一級	一級	及格
系統分析 / 程序編製主任 Analyst/ Programmer	二級系統分析 / 程序編製主任 Analyst / Programmer II	二級	一級	及格
建築師 Architect	助理建築師 / 建築師 Assistant Architect / Architect	一級	一級	及格

職系 Grade	入職職級 Entry Rank (s)	英文運用	中文運用	能力傾向測試
政府檔案處主任 Archivist	政府檔案處助理主任 Assistant Archivist	二級	二級	N/A
評稅主任 Assessor	助理評稅主任 Assistant Assessor	二級	二級	及格
審計師 Auditor	審計師 Auditor	二級	二級	及格
屋宇裝備工程師 Building Services Engineer	助理屋宇裝備工程師 / 屋宇裝備工程師 Assistant Building Services Engineer / Building Services Engineer	一級	一級	及格
屋宇測量師 Building Surveyor	助理屋宇測量師 / 屋宇測量師 Assistant Building Surveyor / Building Surveyor	一級	一級	及格
製圖師 Cartographer	助理製圖師 / 製圖師 Assistant Cartographer / Cartographer	一級	一級	N/A
化驗師 Chemist		一級	一級	及格
臨床心理學家 Clinical Psychologist (衞生署、入境事務處)		一級	一級	N/A

職系 Grade	入職職級 Entry Rank（s）	英文運用	中文運用	能力傾向測試
臨床心理學家 Clinical Psychologist （社會福利署）		二級	一級	及格
臨床心理學家 Clinical Psychologist （懲教署、消防處、香港警務處）		二級	一級	N/A
法庭傳譯主任 Court Interpreter	法庭二級傳譯主任 Court Interpreter II	二級	二級	及格
館長 Curator	二級助理館長 Assistant Curator II	二級	一級	N/A
牙科醫生 Dental Officer		一級	一級	N/A
營養科主任 Dietitian		一級	一級	N/A
經濟主任 Economist		二級	二級	N/A
教育主任 Education Officer （懲教署）	助理教育主任 Assistant Education Officer （懲教署）	一級	一級	N/A

職系 Grade	入職職級 Entry Rank (s)	英文運用	中文運用	能力傾向測試
教育主任 Education Officer (教育局、社會福利署)	助理教育主任 Assistant Education Officer (教育局、社會福利署)	二級	二級	N/A
教育主任(行政) Education Officer (Administration)	助理教育主任(行政) Assistant Education Officer (Administration)	二級	二級	N/A
機電工程師 Electrical and Mechanical Engineer (機電工程署)	助理機電工程師 / 機電工程師 Assistant Electrical and Mechanical Engineer / Electrical and Mechanical Engineer (機電工程署)	一級	一級	及格
機電工程師 Electrical and Mechanical Engineer (創新科技署)	助理機電工程師 / 機電工程師 Assistant Electrical and Mechanical Engineer / Electrical and Mechanical Engineer (創新科技署)	一級	一級	N/A

職系 Grade	入職職級 Entry Rank（s）	英文運用	中文運用	能力傾向測試
電機工程師 Electrical Engineer （水務署）	助理電機工程師 / 電機工程師 Assistant Electrical Engineer / Electrical Engineer （水務署）	一級	一級	及格
電子工程師 Electronics Engineer （民航署、機電工程署）	助理電子工程師 / 電子工程師 Assistant Electronics Engineer / Electronics Engineer （民航署、機電工程署）	一級	一級	及格
電子工程師 Electronics Engineer （創新科技署）	助理電子工程師 / 電子工程師 Assistant Electronics Engineer / Electronics Engineer （創新科技署）	一級	一級	N/A
工程師 Engineer	助理工程師 / 工程師 Assistant Engineer / Engineer	一級	一級	及格
娛樂事務管理主任 Entertainment Standards Control Officer		二級	二級	及格

職系 Grade	入職職級 Entry Rank (s)	英文運用	中文運用	能力傾向測試
環境保護主任 Environmental Protection Officer	助理環境保護主任 / 環境保護主任 Assistant Environmental Protection Officer / Environmental Protection Officer	二級	二級	及格
產業測量師 Estate Surveyor	助理產業測量師 / 產業測量師 Assistant Estate Surveyor / Estate Surveyor	一級	一級	N/A
審查主任 Examiner		二級	二級	及格
行政主任 Executive Officer	二級行政主任 Executive Officer II	二級	二級	及格
學術主任 Experimental Officer		一級	一級	N/A
漁業主任 Fisheries Officer	助理漁業主任 / 漁業主任 Assistant Fisheries Officer / Fisheries Officer	一級	一級	及格
警察福利主任 Force Welfare Officer	警察助理福利主任 Assistant Force Welfare Officer	二級	二級	N/A

職系 Grade	入職職級 Entry Rank (s)	英文運用	中文運用	能力傾向測試
林務主任 Forestry Officer	助理林務主任 / 林務主任 Assistant Forestry Officer / Forestry Officer	一級	一級	及格
土力工程師 Geotechnical Engineer	助理土力工程師 / 土力工程師 Assistant Geotechnical Engineer / Geotechnical Engineer	一級	一級	及格
政府律師 Government Counsel		二級	一級	N/A
政府車輛事務經理 Government Transport Manager		一級	一級	N/A
院務主任 Hospital Administrator	二級院務主任 Hospital Administrator II	二級	二級	及格
新聞主任（美術設計）/（攝影） Information Officer (Design) / (Photo)	助理新聞主任（美術設計）/（攝影） Assistant Information Officer (Design) / (Photo)	一級	一級	N/A
新聞主任（一般工作） Information Officer (General)	助理新聞主任（一般工作） Assistant Information Officer (General)	二級	二級	及格

職系 Grade	入職職級 Entry Rank (s)	英文運用	中文運用	能力傾向測試
破產管理主任 Insolvency Officer	二級破產管理主任 Insolvency Officer II	二級	二級	及格
督學（學位） Inspector (Graduate)	助理督學（學位） Assistant Inspector (Graduate)	二級	二級	N/A
知識產權審查主任 Intellectual Property Examiner	二級知識產權審查主任 Intellectual Property Examiner II	二級	二級	及格
投資促進主任 Investment Promotion Project Officer		二級	二級	N/A
勞工事務主任 Labour Officer	二級助理勞工事務主任 Assistant Labour Officer II	二級	二級	及格
土地測量師 Land Surveyor	助理土地測量師 / 土地測量師 Assistant Land Surveyor / Land Surveyor	一級	一級	N/A
園境師 Landscape Architect	助理園境師 / 園境師 Assistant Landscape Architect / Landscape Architect	一級	一級	及格

職系 Grade	入職職級 Entry Rank (s)	英文運用	中文運用	能力傾向測試
法律翻譯主任 Law Translation Officer		二級	二級	N/A
法律援助律師 Legal Aid Counsel		二級	一級	及格
圖書館館長 Librarian	圖書館助理館長 Assistant Librarian	二級	一級	及格
屋宇保養測量師 Maintenance Surveyor	助理屋宇保養測量師 / 屋宇保養測量師 Assistant Maintenance Surveyor / Maintenance Surveyor	一級	一級	及格
管理參議主任 Management Services Officer	二級管理參議主任 Management Services Officer II	二級	二級	及格
文化工作經理 Manager, Cultural Services	文化工作副經理 Assistant Manager, Cultural Services	二級	一級	及格
機械工程師 Mechanical Engineer	助理機械工程師 / 機械工程師 Assistant Mechanical Engineer / Mechanical Engineer	一級	一級	及格

職系 Grade	入職職級 Entry Rank（s）	英文運用	中文運用	能力傾向測試
醫生 Medical and Health Officer		一級	一級	N/A
職業環境衞生師 Occupational Hygienist	助理職業環境衞生師 / 職業環境衞生師 Assistant Occupational Hygienist / Occupational Hygienist	二級	一級	及格
法定語文主任 Official Languages Officer	二級法定語文主任 Official Languages Officer II	二級	二級	N/A
民航事務主任（民航行政管理） Operations Officer（Aviation Administration）	助理民航事務主任（民航行政管理）/ 民航事務主任（民航行政管理） Assistant Operations Officer（Aviation Administration）/ Operations Officer（Aviation Administration）	二級	一級	及格
防治蟲鼠主任 Pest Control Officer	助理防治蟲鼠主任 / 防治蟲鼠主任 Assistant Pest Control Officer / Pest Control Officer	一級	一級	及格
藥劑師 Pharmacist		一級	一級	N/A

職系 Grade	入職職級 Entry Rank (s)	英文運用	中文運用	能力傾向測試
物理學家 Physicist		一級	一級	及格
規劃師 Planning Officer	助理規劃師 / 規劃師 Assistant Planning Officer / Planning Officer	二級	二級	及格
小學學位教師 Primary School Master / Mistress	助理小學學位教師 Assistant Primary School Master / Mistress	二級	二級	N/A
工料測量師 Quantity Surveyor	助理工料測量師 / 工料測量師 Assistant Quantity Surveyor / Quantity Surveyor	一級	一級	及格
規管事務經理 Regulatory Affairs Manager		一級	一級	N/A
科學主任 Scientific Officer		一級	一級	N/A
科學主任（醫務） Scientific Officer (Medical) （衞生署）		一級	一級	N/A

職系 Grade	入職職級 Entry Rank (s)	英文運用	中文運用	能力傾向測試
科學主任（醫務） Scientific Officer（Medical） （漁農自然護理署、食物環境衞生署）		一級	一級	及格
管理值班工程師 Shift Charge Engineer		一級	一級	N/A
船舶安全主任 Shipping Safety Officer		一級	一級	N/A
即時傳譯主任 Simultaneous Interpreter		二級	二級	N/A
社會工作主任 Social Work Officer	助理社會工作主任 Assistant Social Work Officer	二級	二級	及格
律師 Solicitor		二級	一級	N/A
專責教育主任 Specialist (Education Services)	二級專責教育主任 / 一級專責教育主任 Specialist（Education Services）II/Specialist（Education Services）I	二級	二級	N/A
言語治療主任（衞生署、教育局） Speech Therapist（Department of Health, Education Bureau）		二級	二級	N/A

職系 Grade	入職職級 Entry Rank（s）	英文運用	中文運用	能力傾向測試
統計師 Statistician		二級	二級	及格
結構工程師 Structural Engineer	助理結構工程師 / 結構工程師 Assistant Structural Engineer / Structural Engineer	一級	一級	及格
電訊工程師 Telecommunications Engineer （香港警務處、通訊事務管理局辦公室、香港電台）	助理電訊工程師 / 電訊工程師 Assistant Telecommunications Engineer / Telecommunications Engineer （香港警務處、通訊事務管理局辦公室、香港電台）	一級	一級	N/A
電訊工程師 Telecommunications Engineer （消防處）	高級電訊工程師 Senior Telecommunications Engineer （消防處）	一級	一級	N/A
城市規劃師 Town Planner	助理城市規劃師 / 城市規劃師 Assistant Town Planner / Town Planner	二級	二級	及格

職系 Grade	入職職級 Entry Rank（s）	英文運用	中文運用	能力傾向測試
貿易主任 Trade Officer	二級助理貿易主任 Assistant Trade Officer II	二級	二級	及格
訓練主任 Training Officer	二級訓練主任 Training Officer II	二級	二級	及格
運輸主任 Transport Officer	二級運輸主任 Transport Officer II	二級	二級	及格
庫務會計師 Treasury Accountant		二級	一級	及格
物業估價測量師 Valuation Surveyor	助理物業估價測量師 / 物業估價測量師 Assistant Valuation Surveyor / Valuation Surveyor	一級	一級	及格
水務化驗師 Waterworks Chemist		一級	一級	及格

資料來源：公務員事務局網頁（資料截至 2024 年 7 月）

EO Classroom 著

責任編輯　梁嘉俊
裝幀設計　黃梓茵
封面設計　Sands Design Workshop
排　　版　時　潔
印　　務　劉漢舉

出　　版
非凡出版
香港北角英皇道 499 號北角工業大廈一樓 B
電話：(852) 2137 2338
傳真：(852) 2713 8202
電子郵件：info@chunghwabook.com.hk
網址：http://www.chunghwabook.com.hk

發　　行
香港聯合書刊物流有限公司
香港新界荃灣德士古道 220-248 號荃灣工業中心 16 樓
電話：(852) 2150 2100
傳真：(852) 2407 3062
電子郵件：info@suplogistics.com.hk

印　　刷
美雅印刷製本有限公司
香港觀塘榮業街六號海濱工業大廈四樓 A 室

版　　次
2024 年 9 月第二版

規　　格
16 開 (210mm x 150mm)

ISBN
978-988-8860-92-0